"十三五"普通高等教育规划教材

模拟电子技术实验教程

主编　王　贞

参编　臧宏文　刘　丹　杨　艳
　　　吴新燕　王　涛　宫　鹏

机 械 工 业 出 版 社

本书根据学生应掌握的模拟电子技术的基本理论、技术方法和实验中经常遇到的实际问题等方面,从理论和具体操作方法上由浅入深进行介绍。全书内容包括:模拟电子技术实验综述、模拟电子技术基础实验、模拟电子技术综合设计实验和电子电路的仿真与设计。

　　本书力图突破传统实验教材体系,实验内容分为基础实验、综合设计实验和提高创新实验三个不同层次,每个实验项目又包括基本任务和扩展任务两部分,根据各学校各专业实验学时的不同和教学要求的不同,可灵活选择实验项目。模拟电子基础实验包括单独编写的实验报告模板。

　　本书可作为高等院校电气信息类专业的模拟电子技术实验课程教材,也可作为广大电子行业的工程技术人员和电子爱好者的参考书。

图书在版编目(CIP)数据

模拟电子技术实验教程/王贞主编 . —北京:机械工业出版社,2018.7
(2024.1 重印)
"十三五"普通高等教育规划教材
ISBN 978-7-111-60218-7

Ⅰ. ①模… Ⅱ. ①王… Ⅲ. ①模拟电路-电子技术-实验-高等学校-教材 Ⅳ. ①TN710-33

中国版本图书馆 CIP 数据核字(2018)第 128404 号

机械工业出版社(北京市百万庄大街 22 号 邮政编码 100037)
责任编辑:时 静 张莉萍 责任校对:张艳霞
责任印制:郜 敏

中煤(北京)印务有限公司印刷

2024 年 1 月第 1 版·第 7 次印刷
184mm×260mm·12 印张·289 千字
标准书号:ISBN 978-7-111-60218-7
定价:39.00 元

电话服务　　　　　　　　　网络服务
客服电话:010-88361066　　机 工 官 网:www.cmpbook.com
　　　　　010-88379833　　机 工 官 博:weibo.com/cmp1952
　　　　　010-68326294　　金 书 网:www.golden-book.com
封底无防伪标均为盗版　　　机工教育服务网:www.cmpedu.com

前　言

本书是根据高等院校电气信息类专业的"模拟电子技术课程"的教学大纲，结合多年教学实践而编写的一本实验教材。

本书突破传统的实验教学体系，建立基础实验、综合设计实验、提高创新实验和开放自主性学习、研究性学习模式，分层次一体化的实验课程新体系；突出时代性、先进性、适用性和通用性；更加科学化和规范化。将实验内容分成基本实验内容与综合设计创新研究实验内容，且后者所需学时数大于前者。基本实验内容丰富，通过常规基础实验的训练，使学生掌握基本实验理论、基本实验方法、基本实验技能，培养基本素质。而一个人掌握了扎实的实验基础，就有很强的适应性，随着环境的变化就会迅速学会新的实验知识与技能。综合设计创新研究实验内容，既有课程各知识点的综合，又有实验技能、测试方法的综合，提高学生对模拟电子技术知识的综合应用能力。本书在编写中依据教学体系建设需要，充分考虑了各种教学模式和不同层次学生的需要和使用。实验内容由浅入深地进行安排，基本实验内容给出了实验电路、实验仪器与器件及实验方法步骤，写得较为详细，综合设计创新研究实验内容只提要求，让学生自行设计实验方案，独立完成实验。各学校各专业可根据实验学时和教学要求的不同，选择其中部分内容使用。

全书共4章。第1章介绍模拟电子技术实验综述，内容包括实验目的、一般过程和要求、电路调试与故障排查的一般方法，以及误差分析与数据处理。第2章介绍模拟电子技术基础实验，共11个实验项目，每个实验项目的内容均包括基本任务和扩展任务两部分。所有实验项目的报告模板附在第2章最后，以方便学生使用。第3章介绍模拟电子技术综合设计实验，包括综合设计实验的一般方法和5个综合设计课题。每个课题都是近年来学生在电子课程设计中选择较多的课题，具有通用性、综合性和实用性的特点，每个项目均提供简单的设计思路和说明。第4章介绍电子电路的仿真与设计，包括仿真软件的简介和使用入门示例。附录部分介绍了常用电子仪器的面板和使用方法等。

本书的编写是在青岛大学电工电子实验教学中心的大力支持下进行的。其中，第1、3章由王贞编写，第2章由臧宏文、杨艳、王涛、宫鹏、吴新燕共同编写，第4章由刘丹编写。全书由王贞统稿。书中所有实验电路均经过多年教学实践和学生实验验证过。本书在编写过程中还参阅借鉴了国内外相关高等院校有关的教材，在此表示感谢。

由于编者水平有限，书中难免存在不妥之处，恳请广大读者和同行给予批评指正。

编　者

目　　录

第1章　模拟电子技术实验综述

实验是人们根据一定的目的要求，运用一定手段，突破客观条件限制，在人为控制、干预或模拟条件下，观察、探索客观事物本质和规律的一种科技创造方法。实验是获得第一手资料的重要方法；是探索自然奥秘和事物客观规律的必由之路；是检验真理的标准；是推动科学发展的有力手段。

实验室是现代化大学的心脏。实验教学是把科学实验引进教学领域的教学过程。实验教学是理论知识和实践活动、间接经验和直接经验、抽象思维和形象思维相结合的教学过程；是科学思想、方法、技术相结合的教学过程。实验教学具有直观性、实践性、物质性、技术性、综合性和科学性。实验教学具有传授知识、培养能力、提高素质的全面作用。

在高等学校理工科各专业学生的培养过程中，按照一定的教育计划和目标，在教师指导下，组织学生运用一定的条件观察和研究客观事物的本质和规律，以传授知识、培养能力、提高素质为目的，让学生亲自运用实验手段动手动脑独立完成实验，综合运用所学知识和技能，自主实验操作，进行系统分析、比较、归纳等思维活动，是全面推进素质教育、培养创新人才的重要组成部分。

1.1　模拟电子技术实验的目的

"模拟电子技术"是高等学校理工科各专业的一门实践性很强的专业基础课。模拟电子实验是将模拟电子技术理论用于实际的实践性活动，通过该课程的学习，使学生得到模拟电子基本实践技能的训练，学会运用所学理论知识判断和解决实际问题，加深和扩大理论知识；加强工程实际观念和严谨细致的科学作风，为本学科的专业实验、生产实践和科学研究打下基础。

模拟电子技术实验作为重要教学环节，对培养学生理论联系实际的学风、研究问题和解决问题的能力、创新能力和协作精神，以及提高学生针对实际问题进行电子设计制作的能力具有重要的作用。

模拟电子技术实验内容设置分为基础验证、综合设计和创新研究三个层次。基础验证实验，主要选择一些经典内容，以元器件特性、参数和基本单元为实验电路，验证电子技术的有关原理，巩固所学的理论知识，培养学生的基本工程素质、基本实验技能、基本分析和处理问题的能力。综合设计实验，主要结合实际应用，给定实验的部分条件，或实验电路，或方法要求，由学生自行拟定实验方案，正确选择仪器，完成电路连接和性能测试任务，估算工程误差，并能够解决实验中出现的问题（包括排除故障），培养学生对所学知识的综合应用能力，提高学生针对实际问题进行电子设计制作的能力，增强学生的工程设计与综合应用素质。创新研究实验，根据给定的实验课题或自主选择课题，由学生独立设计实验电路、实验内容和性能指标，选择合适的元器件，完成电路的组装和调试，以达到设计要求，培养学生自主学习、系统分析、应用、综合、设计与创新的能力，从而培养学生知识更新、独立分析处理问题的能力以及创新的思维。

通过模拟电子技术实验课程的学习和实践，学生应学会识别电路图、合理布局和接线、正确测试、准确读取和记录数据，能排除实验电路的简单故障和解决实验电路中常见的问题；学会正确选择和使用常用的电子测量仪器仪表、实验设备和工具，掌握典型应用电路的组装、测量和调试方法，能够正确处理实验数据、绘制曲线图表和误差分析，具有一定的工程估算能力；学会查阅相关技术手册和网上查询资料，合理选用实验元器件（参数）；学会使用 EDA 仿真软件，对实验电路进行仿真分析和辅助设计；掌握常用单元电路或小系统的设计、组装和调试方法，具备一定的综合应用能力；具备独立撰写实验报告的文字表达能力；学会从实验现象、实验结果中归纳、分析和创新实验方法；提高科学素养，包括养成严谨的工作作风，严肃认真、实事求是的科学态度，勤奋钻研、勇于创新的开拓精神，遵守纪律、团结协作和爱护公物的优良品德。

一个完整的实验过程应包括实验准备、实验操作和实验总结等环节。不论是验证实验还是设计实验，各环节的完成质量都会直接影响到实验的效果。

1.2 模拟电子技术实验的一般过程和要求

1.2.1 实验准备

实验准备即为实验预习。实验预习是关系到实验能否顺利进行和收到预期效果的重要前提，是保证实验能否顺利进行的必要步骤，是提高实验质量和效率的可靠保证。

1. 基础验证实验的实验预习

对于基础验证实验，实验预习应按以下步骤进行：

1）仔细阅读实验指导书，了解本次实验的目的和任务，复习与实验有关的内容，熟悉与本次实验相关的理论知识，掌握本次实验的原理。

2）根据给出的实验电路与元器件参数，进行必要的理论计算。

实验中所用的实际元器件不同于理想元器件，同一种性质（类型）的元器件会因型号和用途的不同，在外观形状上存在一定差异，在标称值和精度等内部特性方面也有很大差别。模拟电子技术实验所涉及的元器件主要包括电阻器、电感器、电容器、二极管、稳压管、晶体管、场效应晶体管、各种集成电路芯片、各种开关、各种指示灯、熔断器、继电器、接触器、变压器、电动机和传感器等。

3）详细阅读本次实验所用仪器仪表的使用说明，熟记操作要点。

仪器设备主要有电压表、电流表、功率表、电能表、直流电源、函数发生器、示波器和计算机等。在实验前必须了解和熟悉它们的功能、基本原理和操作方法，并正确选用。通过 CAI 课件、MOOC 课程视频等途径了解本次实验所用仪器仪表的特性、使用方法及注意事项。

4）设计或掌握操作步骤和测量方法。

操作步骤是实验的操作流程，是培养学生良好操作习惯的重要环节。因此，为完成实验任务所设计的操作步骤必须细致，充分考虑各种因素的影响，包括每步操作的注意事项、仪器设备和人身的安全措施、测量数据的先后顺序等。

5）确定观察内容、测试和记录数据。

预习时应拟定好所有记录数据和有关测试内容的表格或图框。凡是要求首先进行理论计算的内容必须在预习中完成，并尽量把理论数据填写在记录实验数据的表格中，便于与记录的实验数据进行对比分析。

2. 设计实验的实验预习

对于设计实验，除了进行以上基本步骤外，还应在实验预习中完成以下步骤：

1）深入理解实验题目所提出的任务与要求，阅读有关的技术资料，学习相关的理论知识。

2）进行电路方案设计，选择电路元器件参数。

3）使用仿真软件进行电路性能仿真和优化设计，进一步确定所设计的电路原理图和元器件参数。仿真分析是运用计算机软件对电路特性进行分析和调试的虚拟实验手段。在虚拟环境中，不需要真实电路的介入，不必顾及设备短缺和时间、环境的限制。因此，在进行实际电路搭建和性能测试之前，可以借助仿真软件对所设计的电路反复更改、调整和测试，以获得最佳的电路指标和拟定最合理的实测方案；同时对实验结果做到心中有数，以便在实物的实验中有的放矢、少走弯路、提高效率、节省资源。常用的仿真软件有 Multisim 等，应当把仿真软件作为实验的基本工具，加以掌握和应用。

4）拟定实验步骤和测量方法，画出必要记录表格备用，选择合适的测量仪器。

3. 预习报告

在实验进行前，必须按要求进行实验预习，完成所有与本次实验相关内容的问题解答。

要特别注意，在预习阶段还要根据自身实际情况以及实验需要，尽可能通过网络、图书馆等信息资源，更多地了解相关知识，拓宽预习范围，例如各实验所需元器件的基本原理和选用知识、仪器仪表的使用方法、特殊器件的应用、实验注意事项、安全操作规范等，这对积累实验经验和培养实践能力将有很大帮助。

1.2.2 实验操作

在完成理论学习、实验预习等环节后，就可进入实验操作阶段。实验操作是在预习报告的指导下，按照操作步骤进行有条不紊的实际操作的过程，包括熟悉、检验和使用元器件与仪器设备，连接实验线路，实际测试与数据记录以及实验后的整理等工作程序。

1. 熟悉设备，检查元器件

实验开始前，指导教师要对学生的预习报告进行检查，看学生是否了解本次实验的目的、内容和方法。只有检查通过后，才能允许进行实验操作。操作前要注意两点：第一，要认真听取指导教师对实验装置的介绍，或通过 CAI 课件、MOOC 课程视频等了解本次实验所用实验设备、仪器仪表的功能与使用方法；第二，要对所用元器件与导线等进行简要的测试。为了保证在实验中使用的元器件和导线是完好的，在使用之前一定要用万用表进行简单的测试，如检查导线有没有断开、二极管是否完好等。

2. 连接实验线路

即按确定的实验线路图接线。连接实验线路是实验过程中的关键性工作，也是评判学生是否掌握基本操作技能的主要依据。通常，连接实验线路需要注意以下几点：

1）合理摆放实验对象。

电源、负载、测量仪器等实验对象的摆放，一般原则是使实验电路的布局合理（即对象摆放的位置、距离、连线长短等对实验结果影响小），使用安全方便（即实验对象的接线、调整、测读数据均方便，摆放稳固，操作安全），连线简单可靠（即用线短且用量少，尽量避免交叉干扰，防止接错线和接触不良）。

2）连接的顺序要根据电路的结构特点及个人熟练程度而定。

对初学者来说，一般是按电路图上的接点与各实物元器件接头的一一对应关系来顺序接线的。对于复杂的实验电路，通常是先连接串联支路，后连接并联支路；先连接主电路，后连接其他电路；先连接各个局部，后连接成一个整体。实验电路走线、布线应简洁明了，便于测量，导线的长短粗细要合适、尽量短、少交叉，防止连线短路。所有仪器设备和仪表，都要严格按规定的接法正确接入电路（例如，电流表及功率表的电流线圈一定要串接在电路中，电压表及功率表的电压线圈一定要并接在电路中）。

3）巧用颜色导线。

为便于查错，接线可用不同颜色的导线来区分。例如电源"+"极用红色导线，电源的"-"极用蓝色导线，"地"端用黑色导线。有接线端的地方要拧紧或夹牢，以防止接触不良或脱落。

4）注意地端连接。

电路的公共地端和各种仪器设备的接地端应接在一起，既可作为电路的参考零点，又可避免引起干扰。在一些特殊的场合，仪器设备的外壳应接地保护或接零保护，以确保人身和设备安全。在焊接和测试 MOS 器件时，电烙铁和测试仪器均要接地，以防它们漏电而损坏MOS 器件。在测量时，要特别注意防止因仪器和设备之间的"共地"而导致被测电路或局部短路。

5）注意屏蔽。

对于中频和高频信号的传输，应采用屏蔽线。同时，将靠近实验电路的屏蔽线（外导体）进行单端接地，以提高抗干扰能力。

3. 实验电路通电

完成实验电路连接之后，并非就可以通电实验了，而必须进行复查。检查内容包括：

1）连线是否正确。

即检查线路是否接错位置（或短路），是否多连或少连导线，电源的正负极、地线和信号线连接是否正确，连接的导线是否导通等。这是保证实验顺利进行、防止事故发生的重要措施。具体方法是，对照实验电路图，由左至右或由电路有明显标记处开始一一检查，不能漏掉一根哪怕是短小的连线；按照"图物对照、以图校物"的基本方法加以检查。对初学者，检查电路连线是一项很有意义的工作，它既是对电路连接的认识，又是建立电路原理图与实物安装图之间内在联系的训练机会。

2）元器件安装是否正确。

即检查元器件引脚之间有无短路，连接处有无接触不良，二极管、晶体管、集成电路和电解电容极性等是否连接有误。

若电路经过检查，确认无误后，可接通电源。

4. 测量数据，观察现象

接通电源后，先将设备大致调试一遍，观察各被测量的变化情况和出现的现象是否合理，若不合理，应切断电源，查找原因，进行改正。如数据出现时有时无的变化，可能是实验电路的接线松动、虚焊、连接导线出现隐藏断点或仪器仪表工作不稳定；预测数据与理论数据相差很大，可能是实验电路接线错误、（局部）碰线或元器件参数选择不当等问题。只有消除隐患，才能确保实验电路正常工作。

仪表读数时，思想要集中，姿势要正确。对于数字式仪表，要注意量程、单位和小数点位置；对于指针式仪表，要求眼、针、影成一线，及时变换量程使指针指示于误差最小的范围内。变换量程要在切断电源情况下操作。

5. 数据记录与分析

将所有数据记在原始记录表上，数据记录要完整、清晰，力求表格化，一目了然，合理取舍有效数字，并注明被测量的名称和单位。重复测试的数据应记录在原数据旁或新数据表中，要尊重原始记录，实验后不得涂改，养成良好的记录习惯，培养工程意识。交实验报告时，应将原始记录一起附上。

在测量过程中，应及时对数据做初步分析，以便及早发现问题，立即采取必要措施以达到实验的预期效果。例如对被测量变化快速的区域，应增加测试点以获取更多的变化细节；对变化缓慢的区域，可以减少测试点，以加快测试速度，提高效率；对于关键点的数据不能丢失，必要时要多次测量，取用它们的平均值以减小误差。

6. 完成实验

完成本次实验全部内容后，应先断电，暂不拆线，待认真检查实验结果无遗漏和错误后，方可拆除接线。整理好连接线、仪器工具，使之物归原位。

实验过程中应特别注意人身安全与设备安全。改接线路和拆线一定要在断电的情况下进行，严禁带电操作。使用仪器仪表要符合操作规程，切勿乱调旋钮、档位。发现异常情况，立即切断电源，查找故障，排除后再继续进行。

1.2.3 实验总结

实验的最后阶段是实验总结，即对实验数据进行整理，绘制曲线图和图表，分析实验现象，撰写实验报告，每次实验参与者都要独立完成一份实验报告。实验报告的编写应持严肃认真、实事求是的科学态度，如实验结果与理论有较大出入时，不得随意修改实验数据和结果，不得用凑数据的方法来向理论靠拢，而是用理论知识来分析实验数据和结果，解释实验现象，找出引起较大误差的原因。

基础实验报告中一般要包括如下内容：

1）实验名称。

2）实验目的。

3）实验仪器设备及元器件：仪器设备和元器件清单，包括仪器设备以及元器件的名称、型号规格和数量等，并对这些设备在实验过程中的使用状况做出说明，便于统计和维修。

4）仿真结果：包括选用的仿真工具和仿真结果（数据、表格和波形等）。

5）实验数据：测试所得到的原始数据和曲线等。注意标注数据的单位。

6）测量数据的分析与处理：实验总结的主要工作是对实验原始记录的数据进行处理。此时要充分发挥曲线和图表的作用，其中的公式、图表、曲线应有符号、编号、标题、名称等说明，以保证叙述条理的清晰。为了保证整理后数据的可信度，应有理论计算值、仿真数据和实验数据的比较、误差分析等。对实验数据的处理，要合理取舍有效数字。报告中的所有图表、曲线均按工程化要求绘制。对与预习结果相差较大的原始数据要分析原因，必要时应对实验电路和测试方法提出改进方案以及重新进行实验。

7）存在问题的分析与处理：对于实验过程中发现的问题（包括错误操作、出现故障），要说明现象、查找原因的过程和解决问题的措施，并总结在处理问题过程中的经验与教训。

8）回答思考题：按要求有针对性地回答思考题，它是对实验过程的补充和总结，有助于对实验内容的深入理解。

9）实验的收获和体会：实验能力和综合素质上有哪些收益，掌握了哪些基本操作技能，对该实验有哪些改进体会以及建议。

总之，一个高质量的实验来自于充分的预习、认真的操作、可靠的数据和全面的实验总结。每个环节都必须认真对待、真实可信，才能达到预期的实验效果。

1.3 模拟电子电路调试与故障排查的基本方法

1.3.1 模拟电子电路调试的基本方法

在进行模拟电子电路实验过程中，由于元器件值误差、元器件参数分散性、电路寄生干扰和仪器设备精度等复杂的客观因素，往往一个模拟电子电路即使按照成熟的电路结构和参数进行安装，也可能出现一些不能顺利正常工作的现象。这就需要对电路进行必要的调试。因此，对于从事电子技术及相关领域工作的人员来说，掌握模拟电子电路调试的技能尤为重要。

调试包括测试和调整。所谓模拟电子电路的调试，就是对模拟电子电路进行一系列的测量→判断→调整→再测量的反复过程。模拟电子电路调试的目的，就是在预定的工作条件下实现电路的技术指标。

调试方法通常采用先分调后联调（总调）。任何复杂电路都是由一些基本单元电路组成的。调试时，可以按照信号的流向，逐级调整单元电路，使其参数基本符合技术指标。各单元电路调试好后，再逐步扩大调试范围，最终完成总体电路的调试。

交直流并存是模拟电子电路工作的一个重要特点。因此，模拟电子电路的调试分为静态调试和动态调试。

1. 静态调试

它是指在没有加入信号的条件下进行的调试工作，使电路各输入和输出的参数都符合设计要求，所以也称为直流调试。例如，通过静态测试放大电路的静态工作点，可以及时发现已经损坏的元器件，判断电路工作情况，并及时调整电路参数，使电路工作状态符合要求。对于运算放大器，静态调试除了测量正、负电源是否正确外，还包括调零的检测，即电路输入为零时，输出端是否接近零电位。若运算放大器输出直流电位始终接近正电源电压值或负电源电压值，说明运算放大器处于阻塞状态，可能是外电路没有接好，也可能是运算放大器已经损坏。

2. 动态调试

动态调试是指在静态正常条件的基础上加入信号的调试工作，使电路各种输入和输出的交流参数都符合设计要求。对于模拟电子电路，主要是借助仪器观测信号波形、幅值、相位、频率等参数；对于数字电路，可借助电压（平）表、发光管、数码管和蜂鸣器来判断逻辑功能。

无论是静态调试还是动态调试，如果不符合要求，均应调整甚至更换相应的元器件，直至达到要求。然后进行技术指标测试，它是借助仪器仪表所进行的测试。如果发现测试结果与设计要求存在较大差异，就需要找出原因，及时调整甚至修正设计方案，以得到满意的实验电路以及可靠的数据。

1.3.2 故障排查的基本方法

在正常的情况下，连接好实验电路即可进行测试或调试。但也常常会出现一些意想不到的故障，导致数据测试不正确甚至实验不能正常进行。遇到故障不一定是坏事，在实验中通过排除故障的锻炼，将有助于实验技能的不断提高。一旦遇到故障，切忌轻易拆掉线路重新安装，而是要运用所学知识，认真观察故障现象，仔细分析故障原因，最后查找到故障部位，排除故障，使实验得以继续进行。故障的检查通常采用以下几种方法：

1. 断电检查法

当实验接错线，造成电源或负载短路或严重过载，特别是发现实验电路或设备的异常现象（如有声响、冒烟火、焦臭味以及发烫等）将导致故障进一步恶化时，应立即关断电源进行检查。一是对照原理图，对实验电路的每个元器件及连线逐一进行外部（直观）检查，观察元器件的外观有无断裂、变形、焦痕和损坏，引脚有无错接、漏接或短接；观察仪器仪表的摆放、量程选择、读数方式是否正确。二是使用万用表的"Ω"档，检查各支路是否连通，元器件是否良好。对于电容、电感（包括电动机和变压器）元件，可用电桥测量；对于集成电路，需要专用仪器测试或用好的芯片替换来判断。

2. 通电检查法

这是使用测试仪器检测电路参数来判断故障部位的在线检查方法。一般是先直观检查，再进行参数测试。

（1）直观检查法

直观检查法是电路在通电状态下对工作状况进行直接观察检查的方法，包括听各种声音、看显示数值、查运行状态、手感外表温度、嗅现场气味等外部现象，来确认电路是否正常。有时还要配合不同操作动作，使呈现的现象更明显。

（2）参数测试法

参数测试法最常见的是利用万用表进行电压测量，主要检查电源供电系统从电源进线、刀开关、熔断器到电路输入端有无电压，电子类仪器仪表有无供电，输入和输出信号是否正常，各元器件和仪器的电压是否符合给定值等。对于动态参数，多数借助示波器观察波形及可能存在的干扰信号，有利于故障分析。

（3）替换法

替换法是当故障比较隐蔽时，在对电路进行原理分析的基础上，对怀疑有问题的部分可用正常的模块或元器件来替换。如果故障现象消失了，电路能够正常工作，则说明故障出现在被替换下来的部分，以缩小故障范围，便于进一步查找故障原因和部位。

（4）断路法

断路法是在实验电路中通过断开某部分电路，可以起到缩小故障范围的作用。例如直流稳压电源，接入一个带有局部短路故障的电路，其输出电流明显过大。若断开该电路中的某条支路时恢复了正常，说明故障就是这条支路，进一步查找即可发现故障部位。

值得一提的是，目前有不少仿真软件都能够用于设置各种故障源，为工程人员借助软件仿真来重现故障现象，了解故障产生的原因及后果，直观认识工程现场，提供了安全、无损和便捷的工具。因此，应很好地加以掌握和利用仿真工具，可以达到事半功倍的效果。

1.4 测量误差的分析与测量数据的处理

1.4.1 测量误差的分析

1. 测量误差的表示方法

（1）绝对误差

测量结果 X 与被测量的真值 A 之差称为绝对误差 Δ。公式为

$$\Delta = X - A$$

Δ 是一个具有大小、符号和单位的值，反映的是测量结果与真值的偏差程度，但不能反映测量的准确程度。

（2）相对误差

绝对误差 Δ 与真值 A 之比的百分数，称为相对误差 β。公式为

$$\beta = \Delta / A \times 100\%$$

相对误差反映了测量的准确度。

2. 测量误差的分类

测量误差按其性质可分为如下三类：

（1）系统误差

在相同条件下，多次测量同一量时，误差的绝对值和符号保持恒定或遵循一定规律变化的误差，称为系统误差。产生系统误差的主要原因有仪器误差、使用误差、影响误差、方法和理论误差。消除系统误差主要应从消除产生误差的来源着手，多用零示法、替代法等，用修正值是一种减小系统误差的好方法。

（2）随机误差

在相同条件下进行多次测量，每次测量结果出现无规则的随机性变化的误差，称为随机误差。随机误差主要由外界干扰等原因引起，可以采用多次测量取算术平均值的方法来消除随机误差。

（3）粗大误差

在一定条件下，测量结果明显偏离真值时所对应的误差，称为粗大误差。产生粗大误差

的原因有读错或记错数、测量方法错误、测量仪器有缺陷等，其中人身误差是主要的，这可通过提高测量者的责任心和加强对测量者的培训等方法来解决。

3. 测量误差的来源

（1）仪表误差

由于仪器本身及附件的电气和机械性能不完善而引入的误差称为仪表误差。如仪器零件位置安装不正确、刻度不完善等，这是仪器固有的误差。

（2）参数误差

由于使用的元器件精度不高，其实际参数与标定数值不符所产生的误差，或者由于元器件老化产生的误差，称为参数误差。减小此类误差的方法是精选元器件或对元器件进行老化处理后使用。

（3）使用误差

由于仪器的安装、布置、调节和使用不当等所造成的误差，称为使用误差。如把要求水平放置的仪器垂直放置、接线太长、未按阻抗匹配连接、接地不当等都会产生使用误差。减小这种误差的方法是严格按照技术规程操作、提高实验技巧和对各种现象的分析能力。

（4）影响误差

由于受外界温度、湿度、电磁场、机械振动、光照、放射性等影响而造成的误差，称为影响误差。

（5）人身误差

由于测量者的分辨能力、工作习惯等原因引起的误差，称为人身误差。对于某些借助人耳、人眼来判断结果的测量以及需要进行人工调谐等的测量工作，均会产生人身误差。

（6）方法和理论误差

由于测量方法或仪器仪表选择不当所造成的误差称为方法误差；测量时，依据的理论不严格或用近似公式、近似值计算等造成的误差称为理论误差。

1.4.2 测量数据的记录与处理

1. 测量误差的有效数字

在测量中对数据进行记录时，并非小数点后的位数越多越精确。由于误差的存在，测量的数据严格来说只是一个近似值。因此，测量的数据就由"可靠数字"和"欠准数字"两部分构成，两者合起来称为有效数字。例如用量程 100 mA 的电流表去测量某支路电流时，读数为 72.4 mA，前面的"72"称为"可靠数字"，最后的"4"称为"欠准数字"（即估计读数），则 72.4 mA 的"有效数字"是 3 位。

1）记录测量数据时，一般只保留 1 位欠准数字。因此，在记录的测量数据中，只有最后 1 位有效数字是欠准数字，它表明被测量可能在最后 1 位数字上变化 ±1 个单位。例如测得某个电压为 12.4 V，"4"是欠准数字，它是估读出来或末位进舍的结果，有可能是"3"，也有可能是"5"。

2）"0"在数字中间和数字末尾都算为有效数字，而在数字的前头，则不算是有效数字。有效数字的位数与小数点的位置无关，例如 100、3.50、0.0210 和 0.123 等，它们都是 3 位有效数字。

3）在欠准数字中要特别注意"0"的情况。例如，测量某电阻的数值表示为10.200 kΩ，表明前面4位都是准确数字，最后1位"0"是欠准数字，则有效数字是5位；如果改写成 10.2 kΩ，则表明前面2位"10"是准确数字，最后1位"2"是欠准数字，有效数字是3位。虽然这两种写法表示同一个数值，但实际上却反映了不同的测量准确度。所以对于读数末位的"0"（即欠准数字）不能任意增减，而是由量具的准确度来决定。

4）大数值与小数值要用幂的乘积形式表示。例如，测得某电阻为二万三千欧，当有效数值的位数取3位时，则应记为 $2.30 \times 10^4 \Omega$，不能记为 23000Ω。因为 23000 表示的是5位有效数字。

5）表示常数的数字如 π、e、$\sqrt{2}$、$\frac{1}{3}$ 等，它们在计算式中的有效数字位数没有限制，可以按需要确定其有效数字的位数。

6）表示相对误差时的有效数字，通常取1~2位，例如±1%、±0.5%等。

7）当测量结果需要进行中间运算时，有效数字的取舍原则上取决于参与运算的各数中精度最差的那个数据的有效位数。例如，对 10.6、0.056、101.664 这3个数据进行运算时，小数点后最少位数（即精度最差）的数据是 10.6，所以应将其他数据按四舍五入原则修约到小数点后1位数，即 $0.056 \approx 0.1$，$101.664 \approx 101.7$，然后再进行运算。对于乘方或开方的运算结果可以比原数据多保留1位有效数字，例如，$\sqrt{2} = 1.41$。

2. 测量数据的读取与记录

实验过程中，读取和记录数据是实验非常重要的环节。根据数据的显示方式，可分为数字显示、模拟（指针）显示和波形显示。

（1）数字式仪表的读数与记录

数字式仪表通常是将测量数据以十进制数字显示出来的，所以可以直接读出被测量的数值，并予以记录而无须再经过换算。需注意的是，在使用数字式仪表时，若量程选择不当则会丢失有效数字，降低测量精度。例如，用数字电压表测量真值为 1.7 V 的电压，在不同量程时，其显示结果及对应的有效数字位数见表 1.4.1。

表 1.4.1 不同量程时的显示值及有效数字位数

量程选择/V	2	20	200
显示结果/V	1.680	01.68	001.7
有效数字的位数	4	3	2

由表 1.4.1 可见，选择"2 V"的量程最恰当，其他量程都会损失有效数字且误差变大。因此，在实际测量时，一般应使被测量的数值小于但接近于所选择量程，而不可选择过大（或过小）的量程，以免扩大误差。

（2）模拟式仪表的读数与记录

与数字式仪表不同，模拟式仪表的指示值一般并不是被测量的数值，而是要经过指针读数、计算仪表常数和换算过程，才可以得到的测量结果。

1）指针读数。

它是直接读出仪表指针所指出的标尺值，用格数（DIV）表示。图 1.4.1 所示是指针在均匀标尺上读取有效数字的示意图，量程均选择 30V（用 X 表示）档。其中，图 1.4.1a 是测量第一个电压的指针读数，为 19.1 DIV；图 1.4.1b 是测量第二个电压的指针读数，为 117 DIV，它们的有效数字位数分别为 3 位和 4 位。测量时应首先记录上述的指针读数。

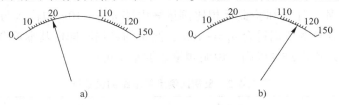

图 1.4.1　从指针仪表上读取有效数字

2）计算仪表常数。

在指针式仪表的标尺上每分格所代表的被测量的大小称为仪表常数，记为 C。它与指针仪表选择的量程 X 及标尺的满刻度格数 A 有关，即 $C = \dfrac{X}{A}$。

在图 1.4.1 中，由于（量程）$X = 30V$，且满刻度读数都是 150，则 $C = \dfrac{X}{A} = \dfrac{30}{150} \text{V/DIV} = 0.2 \text{V/DIV}$。

值得注意的是，对于同一个仪表，如果选择的量程或刻度尺不同，则仪表常数也不同。

3）换算过程。

被测数据 = 表示指针读数 × 仪表常数。所以，对于图 1.4.1a，指针所处位置的测量数据为 $U_1 = 19.1 \text{DIV} \times 0.2 \text{V/DIV} = 3.82 \text{V}$。

同理，可得到图 1.4.1b 的测量数据为 $U_2 = 117 \text{DIV} \times 0.2 \text{V/DIV} = 23.40 \text{V}$。

换算时要注意，测量数据的有效数字位数应与仪表读数的有效位数一致。

（3）波形的读取与记录

在实验过程中，常用示波器观察电信号的波形。波形的读取和记录可按以下过程进行：

1）用示波器观察的电信号，首先应不失真地重现该信号的波形，并在显示屏上将波形的幅值、周期以及起点位置调整合适，具体可参照后面第 2 章和书后附录中示波器的有关内容操作。

2）在坐标纸上标出合适的横坐标、纵坐标的单位及坐标原点，并注意正确反映波形与基线的相对位置。

3）在坐标系上标出能够反映波形变化趋势的关键点及其坐标值。关键点是指原点、波形变化中的转折点或断点、坐标轴上的截距点、波峰和波谷的对应点等。

4）将各关键点用光滑线连续描绘出来，形成完整的波形图。注意，所描绘的波形图要能够正确地反映被测电信号之间的幅值、相位和周期关系。

3．测量数据的处理

由实验所得到的数据，往往还是看不出实验规律或结果，因此必须对这些实验数据进行整理、计算和分析，才能从中找出实验规律，得出实验结论。常用的实验数据处理法为列表法和图示法。

（1）列表法

列表法是将测量的数据填写在经过设计的表格上，便于从中一目了然地得知实验中的各种数据以及各数据之间的简单关系，这是记录实验数据最常用的方法。例如，表 1.4.2 所示是根据电路已知参数，计算和验证反相比例运算电路 $u_0 = -10u_I$ 的输入与输出电压的关系。从表中看出，理论计算的数据符合 $u_0 = -10u_I$，测量的数据同样也基本符合 $u_0 = -10u_I$，同时通过计算，相对误差均在±5%以内，说明测量数据基本可信。

表 1.4.2   反相比例运算电路测量数据

	直流输入电压	−0.4	−0.1	0.6
输出电压	理论计算值/V	6	1	−6
	测量指示值/V	5.88	0.97	−6.06
	计算相对误差（%）	−2	−3	−1

不同的实验内容，表格的样式也不尽相同。设计表格的关键是预先分布好测试点，选择的测试点必须能够准确地反映测试量之间的关系，以便于发现实验结果的变化规律。因此要特别注意不要遗漏一些关键的测试点。例如，对于线性变化规律的测试量，对应于直角坐标系的两个截距通常就是关键点；对于非线性变化规律的测试量，若测试的曲线有转折区域，则在曲线的拐点附近要多选择几组测试点，才能比较精确地描绘出测试曲线的变化情况。

（2）图示法

图示法是将测量数据用曲线或其他图形表示的方法。在研究几个物理量之间的关系时，用图形来表示它们之间的关系，往往比用数字、公式和文字的表示更形象、更直观。图示法中常用各种曲线来反映测量结果。绘制曲线时要注意以下几点：

1）选择合适的坐标系。

一般有直角坐标系、极坐标系和对数坐标系，不同的坐标系应选用各自专用的坐标纸来描绘。

2）正确标注坐标轴。

一般横坐标代表自变量，纵坐标代表因变量。在横、纵坐标轴的末端要标明其所代表的物理量及其单位，并恰当地进行坐标分度。

3）合理选取测试点。

被测量的最大值和最小值都必须测出；在曲线变化陡峭和拐点部分要多取几个测试点，在曲线变化平缓部分可少取一些测试点。

4）分别标明记号。

在坐标纸上标出测试点的对应位置。测试点的记号可用 "·" "。" "×" "△" 等表示，同一条曲线测试点的记号要求相同，而不同类别的数据，则应以不同的记号加以区别。

5）修匀曲线。

在实际测量过程中，由于测量数据的离散性，若将这些测试点直接连接起来，所得到的曲线将呈折线状，如图1.4.2所示的虚线部分。但这样的曲线往往是错误的，应视情况绘出拟合曲线，使其成为一条光滑均匀的曲线，这个过程称为曲线的修匀，如图1.4.2所示的实线部分。也就是说，对于明显脱离大多数测量数据所反映规律的个别点（称为奇异点），在修匀曲线的过程中应予以剔除。

特别是对于一些复杂的实验电路，借助仿真软件进行仿真实验，可以预先了解实验数据以及曲线、波形或其他图形的变化趋势，这对于判断实验结果以及描绘曲线等，都是很有帮助的。

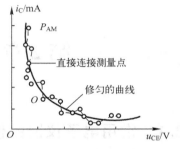

图 1.4.2　修匀曲线

第 2 章　模拟电子技术基础实验

2.1　常用电子仪器的使用练习实验

2.1.1　实验目的

1. 熟悉常用电子仪器的功能、基本操作和使用方法。
2. 掌握用函数信号发生器产生各种波形的基本方法。
3. 掌握用示波器观察和测量各种波形参数的方法。

2.1.2　实验任务

（一）基本实验任务

1. 学习函数信号发生器的使用方法，练习用函数信号发生器产生各种频率和幅值可调的正弦波、矩形波信号。
2. 学习交流毫伏表的使用方法，练习用交流毫伏表测量正弦交流信号的大小。
3. 学习示波器的使用方法，练习用示波器测量自检信号以及函数信号发生器产生的正弦波和矩形波信号的参数。
4. 学习直流稳压电源的使用，练习用直流稳压电源产生各种不同的电压，并用万用表和示波器测量和观察。

（二）扩展实验任务

1. 练习同频率正弦信号相位差的测量。
2. 练习使用常用电子仪器检测半导体二极管和晶体管。

2.1.3　基本实验条件

（一）仪器仪表

1. 函数信号发生器	1 台
2. 双踪示波器	1 台
3. 交流毫伏表	1 台
4. 双路直流稳压电源	1 台
5. 万用表	1 台

（二）器材器件

1. 电阻	若干
2. 电容	若干

2.1.4　实验原理

在模拟电子技术实验中，常用的电子仪器有示波器、函数信号发生器、交流毫伏表、直流稳压电源和万用表等，其连接示意图如图 2.1.1 所示。

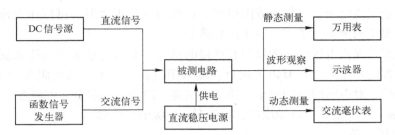

图 2.1.1　模拟电子技术实验中测量仪器连接示意图

1. 函数信号发生器

函数信号发生器通常作为电子测量系统的信号源，其主要特点是可以产生正弦波、矩形波、三角波、锯齿波以及各种脉冲信号等波形，输出信号的幅值和频率能在一定范围内调节。由于其输出波形均可以用数学函数描述，因而称为函数信号发生器。

函数信号发生器的基本操作包括波形选择、频率设置和幅值设置。有时还需设置偏移量、占空比等。

2. 示波器

示波器是一种综合性的电信号测试仪器，其主要特点有能显示电信号的波形；可测量电信号的幅值、周期、频率、相位、脉冲宽度、上升和下降时间等参数；测量灵敏度高、过载能力强；输入阻抗高。示波器种类很多，实验室中常用双踪示波器。双踪示波器可以通过两个通道同时输入两个信号进行测量与比较。

用示波器测量电信号的前提是要有完整、稳定的波形显示在显示屏上。为了便于读数，一般要求显示几个周期的波形。示波器的基本操作包括水平控制、垂直控制和触发控制。

水平控制是对波形时间域的设置，主要包括设置波形的水平刻度（TIME/DIV），即水平方向每一大格所代表的时间。测量时，读出被测波形一个周期在水平方向上所占的格数，再与水平刻度（TIME/DIV）指示的值相乘，即可得到被测波形的周期，从而可算出其频率。

垂直控制则是对波形幅值域的设置，主要包括设置波形的垂直刻度（VOLTS/DIV），即垂直方向每一大格所代表的电压值。同理，测量时，读出被测波形在垂直方向上所占的格数，再与垂直刻度（VOLTS/DIV）指示的值相乘，即可得到被测波形的峰峰值。

水平和垂直方向的控制可以保证波形的完整显示，触发控制则可以保证波形稳定设置。当波形不稳定时，可适当调节触发电平（LEVEL）旋钮，使波形稳定显示。

除此之外，还需对测量通道、耦合方式等参数进行正确设置。

示波器上一般都会有一个金属突出的位置，这是示波器的自检信号。用示波器进行测量前，为确保示波器和探头的正常，首先对自检信号进行测量。

3. 万用表

万用表是最常用的测量仪表，以测量电压、电流和电阻三大参量为主。万用表可分为模拟式（指针式）和数字式两大类，其结构特点是由一块表头（模拟式）或一块液晶显示器（数字式）来指示读数，用转换开关来实现各种不同测量目的的转换。

4. 交流毫伏表

当被测正弦交流电压信号频率范围很宽，且数值变化很大时，可以用交流毫伏表测量。交流毫伏表主要用来测量正弦交流电压的有效值。

当测量非正弦交流电压时，读数没有直接的意义。交流毫伏表不能用来测量直流电压。交流毫伏表与普通万用表比较有以下优点：输入阻抗高，一般输入电阻至少为 $500\,k\Omega$，当接入被测电路后，对电路的影响很小；频率范围宽，约为几赫兹至几吉赫兹；电压测量范围广，量程为 $1\,mV$ 至几百伏；灵敏度高，可测量 μV 级电压信号。

5. 直流稳压电源

直流稳压电源的作用是为电路提供电能，其输出电压值可在额定输出电压值以下任意设定和正常工作。

实验室中以上测量仪器的简介详见附录。

6. 所用仪器与电路的"共地"

在电子电路实验中，应特别注意各电子仪器及实验电路的"共地"，即它们的地端应可靠地连在一起，如图 2.1.2 所示。

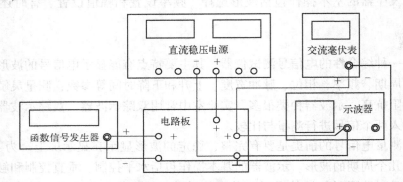

图 2.1.2　模拟电子技术实验中各电子仪器共地示意图

在一般的电类测量中，当测量交流电压时，可以任意互换电极而不影响测量读数。但在电子电路中，由于工作频率和电路阻抗较高，功率较低，为避免干扰信号，大多数仪器都采用单端输入、单端输出的形式。仪器的两个测量端总有一个与仪器外壳相连，并与同轴电缆的外屏蔽线连接在一起，通常这个端用符号"⊥"表示。将所有的"⊥"连接在一起，能防止可能引起的干扰，避免产生较大的测量误差。

7. 典型电信号的观察和测量

电子电路中，应用广泛的典型电激励信号主要有正弦交流信号和矩形脉冲信号。

实验时所用的典型电信号都可以由函数信号发生器提供。典型电信号的波形和参数则可使用示波器观察和测量。

如图 2.1.3 所示，用示波器可观察到完整而稳定的正弦交流信号波形，测量波形参数时，有

峰峰值：　　　　　　　$U_{pp}=A$（DIV）×垂直刻度（VOLTS/DIV）

有效值：　　　　　　　$U=U_{pp}/2\sqrt{2}$

周期：　　　　　　　　$T=B$（DIV）×水平刻度（TIME/DIV）

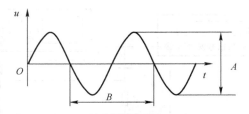

图 2.1.3　正弦交流信号波形

其中，峰峰值 U_{pp} 是指波形正向电压最大值和负向电压最大值间的距离；正弦交流电压信号的有效值 U 亦称为方均根值，是正弦交流电压信号的瞬时值在一个周期内的方均根值。正弦交流信号的峰峰值是有效值的 $2\sqrt{2}$ 倍；A 为在 Y 轴方向上波形峰峰值所占的大格数，B 为在 X 轴方向上波形一个周期所占的大格数。

图 2.1.4a 所示是矩形脉冲信号，它包含交流分量和直流分量。用函数信号发生器产生这种波形时，需要在纯交流矩形波（见图 2.1.4b）基础上增加 $0.5U_m$ 的直流分量（见图 2.1.4c）。用示波器观察，当示波器输入耦合方式开关置于 AC 时，由于隔直电容的作用，只能观察到交流分量；输入耦合方式开关置于 DC 时，才能观察到如图 2.1.4a 所示的矩形脉冲信号。

图 2.1.4 所示的矩形脉冲信号的周期为 T，脉冲宽度为 t_w，则其占空比 $= \dfrac{\text{脉冲宽度}}{\text{脉冲周期}} = \dfrac{t_w}{T}$。

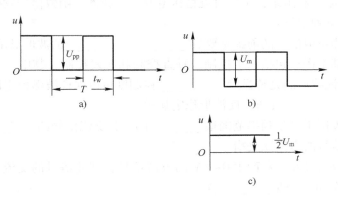

图 2.1.4　矩形脉冲信号

8. 同频率正弦信号相位差的测量

测量两个同频率正弦信号相位差的电路如图 2.1.5 所示。函数信号发生器输出的正弦信号作为 RC 串联电路（移相网络）的输入信号 u_i，电阻 R 两端的信号为输出信号 u_o，示波器的 CH1 通道、CH2 通道分别连接 u_i 和 u_o。可观察到如图 2.1.6 所示的完整稳定的两个正弦波信号，可以看出图中两信号的相位关系是 CH1 信号超前 CH2 信号。根据两信号在水平方向的间隔 C 及信号一个周期 B 在示波器上所占的格数，可以求得两者的相位差：$\varphi = 360° \times \dfrac{C(\text{DIV})}{B(\text{DIV})}$。

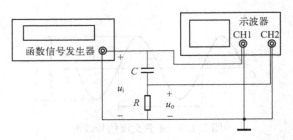

图 2.1.5 测量相位差的连线电路

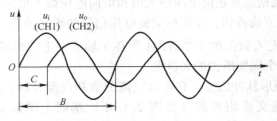

图 2.1.6 同频率信号相位差的测量

2.1.5 实验预习要求

（一）基本实验任务

仔细阅读实验原理和附录，了解直流稳压电源、示波器、函数信号发生器及交流毫伏表的使用方法，填写下列空格：

1）用示波器测量电信号的前提是要有_____、_____的波形显示在显示屏上。

2）示波器的基本操作包括水平控制、垂直控制和触发控制。其中_____和_____方向的控制可以保证波形的完整显示。_____控制则可以保证波形稳定设置。当波形不稳定时，可适当调节_____旋钮，使波形稳定显示。

3）交流毫伏表用于测量频率范围很_____的正弦交流信号的_____值。

4）矩形脉冲信号的占空比是指_____。

5）若要用函数信号发生器产生 0~2 V 的方波信号，则此信号的交流分量是_____ ~_____ V，直流分量大小是_____ V。

6）要观察交流信号或信号中的交流分量，示波器输入的耦合方式应选择_____档；若要全面观察含有直流分量的信号，耦合方式应选择_____档。

（二）扩展实验任务

图 2.1.6 中，u_i 和 u_o 的相位关系是 u_i_____（超前、滞后）u_o。

2.1.6 实验内容及步骤

（一）基本实验内容及步骤

1. 示波器、函数信号发生器和交流毫伏表的使用练习

（1）示波器的检查与校准

1）打开电源开关，电源指示灯亮。

2）检查 CH1、CH2 通道的测试线是否接好。

3）将示波器自检信号接至 CH1（或 CH2）通道输入，调节垂直系统的 VOLTS/DIV 和水平系统的 TIME/DIV 等有关旋钮，使显示屏上显示几个周期的稳定波形。耦合方式分别选择 DC、AC 耦合，记录显示的波形，并标注波形的幅值和周期，与自检信号的标称值做比较。用示波器测量波形参数，将测量结果填在表 2.1.1 中。

自检波形记录：

表 2.1.1 自检信号测试结果

数格读图	测量值	TIME/DIV 读数	250 μs
		1 周期所占格数	
		VOLTS/DIV 读数	1 V
		峰峰值的格数	
	计算值	信号周期/s	
		频率/Hz	
		峰峰值/V	
游标测量	测量值	周期/s	
		峰峰值/V	
	计算值	频率/Hz	
示波器测量值		峰峰值	
		周期	
		频率	

（2）用示波器和交流毫伏表观测正弦波信号

1）将示波器 CH1（或 CH2）测试线与函数信号发生器的信号输出线相连。同时将交流毫伏表的测试线连接于函数信号发生器的信号输出线。

要特别注意所有仪器需共地。即所有信号线红红相连，黑黑相连。

2）打开各仪器的电源开关。

3）将函数信号发生器的波形选择为"正弦"。

4）对函数信号发生器进行频率和幅值的设置，使输出正弦波信号的频率、大小满足表 2.1.2 的要求。

5）将示波器的耦合方式设置为 AC 耦合。调节示波器垂直系统的 VOLTS/DIV 和水平系统的 TIME/DIV 至合适的位置，从显示屏上能清晰地看到几个周期的波形，记录波形，并将波形参数标注在波形图上。读出幅值及周期，计算输出电压的有效值，将测量数值填入表 2.1.2 中。若显示波形不稳定，可适当调节 LEVEL 旋钮，使波形稳定显示。

6）选择交流毫伏表合适的量程，从交流毫伏表中读出正弦信号的有效值，记录于表 2.1.2 中，并与计算值相比较。

波形记录（标注耦合方式）：

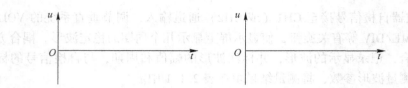

表 2.1.2　示波器、交流毫伏表测量正弦交流信号

被测正弦信号			2 kHz 2Vpp	0.2 ms 1 Vrms
数格读图	测量值	TIME/DIV 读数	100 μs	50 μs
		1 周期所占格数		
		VOLTS/DIV 读数	500 mV	500 mV
		峰峰值的格数		
	计算值	信号周期/s		
		频率/Hz		
		峰峰值/V		
		计算有效值/V		
游标测量	测量值	周期/s		
		峰峰值/V		
	计算值	频率/Hz		
		计算有效值/V		
毫伏表测量值		有效值/V		

（3）用示波器观测矩形波信号

1）将示波器 CH1（或 CH2）测试线与函数信号发生器的信号输出线相连，同时将交流毫伏表的测试线断开。（为什么？）

2）打开各仪器的电源开关。

3）将函数信号发生器的波形选择为"矩形波"。

4）对函数信号发生器进行频率和幅值的设置，使输出矩形波信号的频率、峰峰值、占空比满足表 2.1.3 的要求。

5）将示波器的耦合方式设置为 DC 耦合。调节垂直系统的 VOLTS/DIV 和水平系统的 TIME/DIV 等有关旋钮，使显示屏上显示几个周期的稳定波形，记录波形，并将波形参数标注在波形图上。读出幅值、周期、占空比，将测量数值填入表 2.1.3 中。若显示波形不稳定，可适当调节 LEVEL 旋钮，使波形稳定显示。

波形记录（标注耦合方式）：

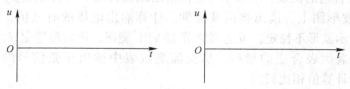

表 2.1.3　示波器测量矩形波信号

被测矩形波信号			2 kHz 50% 2Vpp（0~2 V）	0.5 ms 80% 2Vpp（−1~1 V）
实际加入的直流偏移量/V				
数格读图	测量值	TIME/DIV 读数	100 μs	100 μs
		高电平所占格数		
		一周期所占格数		
		VOLTS/DIV 读数	500 mV	500 mV
		峰峰值的格数		
	计算值	信号周期/s		
		频率/Hz		
		峰峰值/V		
		占空比		
游标测量	测量值	高电平的时间		
		周期/s		
		峰峰值/V		
	计算值	频率/Hz		
		占空比		

2. 直流稳压电源和万用表的使用练习

1）将直流稳压电源置于"独立"工作模式，调节输出使某路电源输出+12 V，用万用表直流电压档测量输出电压，将测量数值填入表2.1.4。

2）将直流稳压电源置于"跟踪"工作模式，调节输出使电源输出±15V，用万用表直流电压档测量输出电压，将测量数值填入表2.1.4。

表 2.1.4　万用表测量直流稳压电源的输出电压

稳压电源输出电压/V	+12	+15	−15
万用表测量值/V			

3）将直流稳压电源的固定输出端接入示波器，调节垂直系统的 VOLTS/DIV，在显示屏上显示合适的波形，记录波形，并将波形参数标注在波形图上。

波形记录（标注耦合方式）：

（二）扩展实验内容及步骤

同频率正弦信号相位差的测量

按照图2.1.5接线，$R = 1\,\text{k}\Omega$，$C = 0.1\,\mu\text{F}$，用函数信号发生器产生频率 $f = 1\,\text{kHz}$、有效值为1 V的正弦波信号。调节示波器相应的旋钮和按键，使屏幕上出现完整而稳定的两个波形。记录输出波形，测量两个信号的相位差，将测量数据填入表 2.1.5。

波形记录（标注耦合方式）：

表 2.1.5　同频率正弦信号相位差的测量

测量值	两信号水平方向的间隔	
	信号周期	
	u_i 和 u_o 相位超前或滞后关系	
计算值	相位差	

2.1.7　实验注意事项

1. 使用示波器之前，务必首先进行自检操作，在保证通道和电缆完好的前提下再进行测量。

2. 使用万用表进行测量，需要换档时，应将表笔脱离被测对象后，再进行换档。

3. 使用直流稳压电源时，务必保证电流输出处于安全输出的位置。

4. 各种仪器同时使用时，要注意"共地"，即各仪器测试线的接地端要连接在一起。

5. 实验结束后，请将所有仪器的电源关闭。

2.2　晶体管放大电路的研究实验

2.2.1　实验目的

1. 掌握晶体管好坏的判断方法和晶体管直流放大倍数 β 的测量方法。

2. 掌握单级共射放大电路静态工作点的设置与调试方法。

3. 掌握基本放大电路电压放大倍数、输入电阻、输出电阻、最大不失真输出电压以及幅频特性的测试方法。

4. 进一步熟悉常用电子仪器的使用方法。

5. 了解晶体管单级共集电极放大电路的设计方法。

2.2.2　实验任务

（一）基本实验任务

1. 判断晶体管的好坏、类型和三个极，测量晶体管的 β 值。

2. 分析晶体管单级共射放大电路，设置和调试单级共射放大电路的静态工作点，观察不同静态工作点对输出波形失真的影响，并测量静态工作点。

3. 测量放大电路的性能指标：电压放大倍数、输入电阻、输出电阻、最大不失真输出电压及幅频特性。

4. 改变放大电路的部分参数，测试并分析这些参数对放大电路性能的影响。

（二）扩展实验任务

设计电路及参数，完成单级共集电极放大电路（射极跟随器）的性能测试，理解其电路特点。

2.2.3 基本实验条件

（一）仪器仪表

1. 函数信号发生器   1台
2. 双踪示波器   1台
3. 交流毫伏表   1台
4. 直流稳压电源   1台
5. 万用表   1台

（二）器材器件

1. 定值电阻   若干
2. 电位器   1只
3. 电容器   若干
4. 晶体管   1只

2.2.4 实验原理

（一）基本实验任务

1. 晶体管的检测

晶体管是由两个 PN 结反极性串联而成的三端器件，三个极分别是发射极 e、基极 b 和集电极 c。

（1）用指针式万用表检测

① 判定基极 b 和晶体管类型

由于基极 b 与发射极 e、基极 b 与集电极 c 之间，分别是两个 PN 结，而 PN 结的反向电阻值大，正向电阻值小，用万用表的 $R \times 100$ 或 $R \times 1k$ 档可以进行测试。对于指针式万用表，先将黑表笔接晶体管的某一极，然后将红表笔先后接其余两个极，若两次测得的电阻都较小，则黑表笔接的是 NPN 型管子的基极 b，如图 2.2.1 所示；若测得电阻都较大，则黑表笔所接的是 PNP 型管子的基极 b；若两次测得的阻值为一大一小，则黑表笔所接的极不是基极 b，应接其他一个极重新测量，以便确定管子的基极。

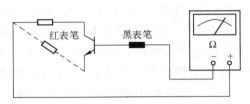

图 2.2.1 用指针式万用表判断晶体管基极和管子类型示意图

② 判断集电极 c 和发射极 e

基极 b 确定后，可以分别测基极 b 对其余两个极的正向电阻，其中阻值稍小的那个是集电极，另外一个是发射极，这是因为集电结较大，正偏导通电流也较大，即电阻稍小一点。

但是 be 和 bc 间的正向电阻差别不是很大，如果指针偏转差距无法区别，则可以把晶体管接成基本单级放大电路。以 NPN 型为例，如图 2.2.2 所示。基极 b 确定以后，用万用表两表笔分别接另外两个极，用 100 kΩ 的电阻一端接基极 b、一端接黑表笔，若电表指针偏转较小，说明晶体管导通，则黑表笔所接的一端为集电极 c，红表笔接的是发射极 e。也可用手捏住基极与黑表笔（不能使两者相碰），以人体电阻代替 100 kΩ 电阻的作用。

③ 粗略测试性能

用指针式万用表的 $R{\times}1$ k 档，在基极 b 开路的条件下测 ce 间的电阻。当测得的电阻值在几十千欧以上时，说明穿透电流 I_{CEO} 不大，晶体管性能是好的；若测得电阻很小，说明穿透电流很大，晶体管性能很差。若测得的电阻值接近于零，说明晶体管已击穿短路；若测得的电阻值为无穷大，说明晶体管极间断路。

图 2.2.2　用指针式万用表判断晶体管集电极和发射极示意图

（2）用数字万用表检测

① 判定基极 b 和晶体管类型

判定基极 b 和管子类型的方法和指针式万用表相似，只是用二极管档测量极间电压来判断。即先将红表笔接晶体管的某一极，然后将黑表笔先后接其余两个极，若两次都显示有零点几伏的电压（锗管为 0.3 V 左右，硅管为 0.7 V 左右），那么红表笔所接的是 NPN 管的基极 b；若都显示 "OL"，那么红表笔所接的是 PNP 管的基极 b；若两次分别显示零点几伏或 "OL"，则红表笔所接的极不是基极 b，应接其他一个极重新测量，以便确定管子的基极 b。

② 判断集电极 c 和发射极 e

在判别出管子的型号和基极的基础上，再判别集电极 c 和发射极 e。仍用二极管档，对于 NPN 管，红表笔接基极 b，黑表笔分别接其他两个极，两次测得的极间电压中，电压微高的那一极是发射极 e，电压低一些的是集电极 c。对于 PNP 管，用黑表笔接基极 b，同样所得电压高的是发射极 e，电压低的是集电极 c。

③ 粗略测试性能

用数字万用表的 h_{FE} 档可以直接读出电流放大系数 β。

2. 共射放大电路的测试

共射放大电路是常用的基本放大电路，其功能主要是完成对小信号电压无失真的放大。常见的阻容耦合共射放大电路有两种，如图 2.2.3 和图 2.2.4 所示。

图 2.2.3 所示为固定偏置共射放大电路。该电路的优点是结构简单，输入电阻大，有较强的放大能力；缺点是温度稳定性较差，在温度变化时静态工作点不稳定，可能会导致放大电路输出波形的失真。图 2.2.4 所示是实用的分压式偏置共射放大电路，采用 R_{b1} 和 R_{b2} 组成分压偏置电路，发射极电阻构成负反馈。该电路的优点是能够自动稳定静态工作点，减小温度对放大电路稳定性的影响；缺点是输入电阻小，电压放大倍数不大。由

于负反馈的作用使得其工作点稳定，故应用场合较为广泛，下面以该电路为例进行基本放大电路的分析。

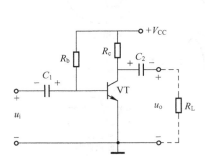

图 2.2.3　固定偏置共射放大电路

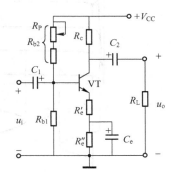

图 2.2.4　分压式偏置共射放大电路

（1）放大电路的静态工作点

放大电路静态工作点的设置与调整十分重要。输出信号不失真的首要条件是要有合适的、稳定的静态工作点。同时，由于晶体管的输入电阻 r_{be} 与静态工作点有关，所以静态工作点的变化也影响到放大电路的输入电阻和放大倍数。

① 静态工作点的选择

如图 2.2.5 所示，晶体管为非线性器件，如果静态工作点选择不当，输入信号的变化范围进入晶体管的非线性区域，就会产生非线性失真。合适的静态工作点 Q 不仅可以保证输出信号不失真，还能得到最大不失真输出电压，一般选在交流负载线的中点（注意：即使 Q 点合适，如果输入信号过大，饱和失真与截止失真会同时出现）。如图 2.2.6 所示，若 Q 点过低（I_B 小，则 I_C 小，U_{CE} 大），此时晶体管进入截止区，产生截止失真，其输出电压产生缩顶；若 Q 点过高（I_B 大，则 I_C 大，U_{CE} 小），则晶体管进入饱和区，产生饱和失真，其输出电压产生削底。

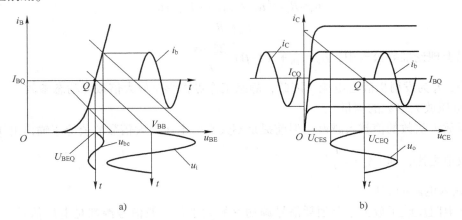

图 2.2.5　单级共射放大电路的波形

② 静态工作点的设置

图 2.2.4 所示的放大电路中，静态工作点的调整一般是通过调节电位器 R_{b2} 实现的。因为相比于其他电路参数，调整 R_{b2} 对放大电路动态指标的影响最小，有

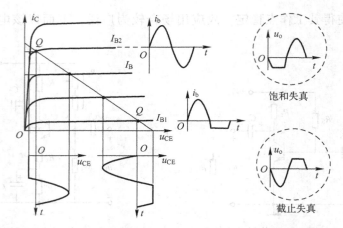

図 2.2.6 单级共射放大电路中 Q 点过高或过低时失真的状态

$$I_C \approx I_E = \left(\frac{V_{CC}R_{b1}}{R_{b1}+R_{b2}} - U_{BE}\right)/R_e$$

$$U_{CE} \approx V_{CC} - I_C(R_c + R_e)$$

因此，减小 R_{b2}，将使 U_{CE} 减小，工作点升高；增大 R_{b2}，将使 U_{CE} 增大，工作点降低。

③ 静态工作点的测量

在输入信号为零时，选择正确的仪器和方法，测量晶体管的 U_{BE}、U_{CE} 和 I_C。

（2）放大电路的动态指标

放大电路的主要性能指标（动态参数）有电压放大倍数、输入电阻、输出电阻、最大不失真输出电压以及频率特性等。对图 2.2.4 所示电路，有

$$\dot{A}_u = -\frac{\beta(R_c /\!/ R_L)}{r_{be}+(1+\beta)R'_e}$$

$$R_i = R_{b1} /\!/ R_{b2} /\!/ [r_{be}+(1+\beta)R'_e]$$

$$R_o \approx R_c$$

在以上理论推导公式中，$r_{be} = r_{bb'} + (1+\beta)\dfrac{26\,\mathrm{mV}}{I_E}$。

其中，I_E 为发射极静态电流。因此，静态工作点将影响放大倍数等动态参数。

① 电压放大倍数的测量

电压放大倍数的值越大越好，但前提是不失真。电压放大倍数的值等于输出电压与输入电压有效值之比，即 $|A_u| = \dfrac{U_o}{U_i}$。

② 输入电阻的测量

输入电阻反映了放大电路消耗信号源功率的大小。一般信号源都是电压信号，R_i 越大，输入端获取的电压信号越大，越容易采集。与此同时，放大电路从信号源索取的电流小，对信号源的影响小。

如图 2.2.7 所示，测量方法通常是，在放大电路输入端与信号源之间串入一个电位器 R_s，调节电位器阻值，用示波器观察信号源端与放大电路输入端波形，当 U_i 等于 U_s 的一半

时，电位器当前阻值即输入电阻的阻值。也可用一个定值电阻代替电位器，测量 U_s 和 U_i，代入如下公式，计算出 R_i：

$$R_i = \frac{U_i}{U_s - U_i} R_s$$

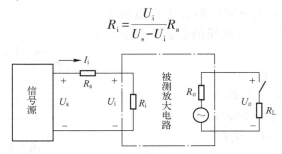

图 2.2.7　输入、输出电阻的测量电路

③ 输出电阻的测量

输出电阻的大小反映了放大电路的带负载能力，R_o 越小，带负载能力越强。放大电路的输出端可看成一个有源二端网络，如图 2.2.7 所示。在输出波形不失真的情况下，分别测量输出端不带负载 R_L 的输出电压 U_o' 和带负载后的输出电压 U_o，代入如下公式，计算出 R_o：

$$R_o = \left(\frac{U_o'}{U_o} - 1\right) R_L$$

④ 最大不失真输出电压 U_{om} 的测量

为了获得最大不失真输出电压，应先将静态工作点调在交流负载线的中点。具体方法：在放大电路正常工作情况下，逐步增大输入信号的幅值，并同时调节 R_{b2}，用示波器观察 u_o，当输出波形同时出现削底和缩顶现象时，说明静态工作点已调在交流负载线的中点。然后调整输入信号，使波形输出幅值最大，且无明显失真时，用交流毫伏表测出 U_o（有效值）。另外，也可以用示波器直接读出 U_{om}。

⑤ 幅频特性的测量

放大电路的幅频特性是指放大器的电压放大倍数的数值 $|\dot{A}_u|$ 与输入信号频率 f 之间的关系曲线。单管阻容耦合放大电路的幅频特性曲线如图 2.2.8 所示，$|\dot{A}_{um}|$ 为中频电压放大倍数的数值。通常规定，电压放大倍数的数值随频率变化下降到中频放大倍数的 $1/\sqrt{2}$，即 0.707 $|\dot{A}_{um}|$ 所对应的频率，分别称为下限频率 f_L 和上限频率 f_H，则通频带为 $f_{BW} = f_H - f_L$。

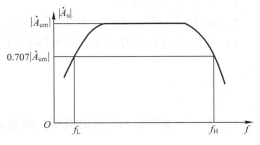

图 2.2.8　幅频特性曲线

放大器幅频特性的测量方法：测量放大电路不同频率的输入信号所对应的输出电压，通过"逐点法"得到放大器的幅频特性曲线。

（二）扩展实验任务

图 2.2.9 所示为共集放大电路，该电路的优点是输入电阻高、输出电阻低；缺点是无电压放大能力。由于输入信号从基极对地输入，从发射极对地输出，输出电压能够在一定范围内跟随输入电压做线性变化，故常被称为射极跟随器。

1. 静态工作点

① 静态工作点的选取

电源电压一定时，放大电路的静态工作点取决于偏置电阻 R_b 的取值，调整放大电路的静态工作点是通过调整 R_b 实现的。

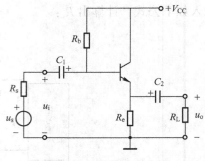

图 2.2.9　共集放大电路

$$I_B = \frac{V_{CC} - U_{BE}}{R_b + (1+\beta)R_e}$$

$$I_C \approx I_E = (1+\beta)I_B$$

$$U_{CE} = V_{CC} - I_E R_e$$

② 静态工作点的测试

万用表的直流电压档测量 R_e 上的电压，计算发射极电流 $I_C \approx I_E$。

③ 静态工作点的调整

为了方便静态工作点的调整，通常将偏置电阻设为一个定值电阻和一个可调电阻的串联，通过可调电阻调整静态工作点。

2. 射极跟随器的动态性能

1）电压放大倍数近似为 1，即 $\dot{A}_u \approx 1$ 或 $\dot{U}_o = \dot{U}_i$。

2）输入电阻高：$R_i = r_{be} + (1+\beta)R_L$。

3）输出电阻低：$R_o \approx \dfrac{r_{be} + R'_s}{1+\beta}$，式中，$R'_s = R_s // R_b$。

A_u、R_i、R_o 的测试方法同共射放大电路。

2.2.5　实验预习要求

（一）基本实验任务

1. 预习实验相关知识，回答以下问题：

1）如何采用数字万用表判断晶体管的三个极并检测好坏？

2）为了方便静态工作点的调整，偏置电阻如何设置？

2. 画出实验电路图，标注电路参数。

1）画出直流通路，估算静态工作点（假设静态工作点合适时，$R_p = 30 \, \text{k}\Omega$），分析 R_p 的取值对静态工作点的影响。

2）画出微变等效电路图，估算电压放大倍数 $\dot{A}_u$、输入电阻 R_i 和输出电阻 R_o（假设 $\beta = 100$）。

（二）扩展实验任务（可另行附页完成）
1. 画出方便静态工作点调整的实用电路，需要修改哪个器件？
2. 设电源电压为 12 V，晶体管 $\beta = 100$，选择静态工作点合适时的各个电阻值。
3. 按照选择的参数，估算静态工作点。
4. 估算电压放大倍数 $\dot{A}_u$、输入电阻 R_i 和输出电阻 R_o。
5. 自拟数据表格。

2.2.6 实验内容及步骤

（一）基本实验内容及步骤
1. 电路的安装与调试
（1）晶体管的检测
按照预习中的方法，判断晶体管的三个极并检测好坏。
（2）电路的组装

按图 2.2.4 接线，选 $V_{CC} = 12\,\text{V}$，$R_{b1} = 15\,\text{k}\Omega$，$R_{b2} = R_P + 20\,\text{k}\Omega$，$R_P = 100\,\text{k}\Omega$，$R_c = 2\,\text{k}\Omega$，$R'_e = 100\,\Omega$，$R''_e = 1\,\text{k}\Omega$，$C_1 = C_2 = 10\,\mu\text{F}$，$C_e = 47\,\mu\text{F}$，负载开路。电路连接好后，对照电路图仔细检查，注意：

1) 电解电容应注意正负极性，正极接高电位，负极接低电位。

2) 电源正负极之间是否有短路现象。

（3）通电测试

把经过准确测量的电源电压接入电路，此时不应急于测量数据。观察有无异常现象，包括电路中有无冒烟、有无异常气体及元器件是否发烫等现象。如有以上异常现象发生，应立即切断电源，检查电路，待故障排除后方可重新接通电源。

2. 静态工作点的调整与测量

（1）调整静态工作点合适，观察输入、输出波形

将电路输入端短路（$u_i = 0$），逐渐调节电位器 R_P，使 $U_{CE} = 6\text{V}$（此时，可认为 R_P 合适，即静态工作点合适）。在放大电路的输入端接入正弦波信号，推荐 $f = 1\,\text{kHz}$，U_i（有效值）$= 100\,\text{mV}$，同时观察输入、输出波形。

（2）调高静态工作点，观察饱和失真波形

将电位器 R_P 阻值调小，输入信号保持不变，观察输出波形是否出现饱和失真。将电路输入端短路（$u_i = 0$），以电路的接地端为参考点，测量晶体管三个极的电位和 R_{b2}，并计算 U_{BEQ}（$= U_B - U_E$）、U_{CEQ}（$= U_C - U_E$）和 I_{CQ}（$\approx I_{EQ}$），填入表 2.2.1，同时将饱和失真时的输入、输出波形记录在表 2.2.1 中（若选用硅材料晶体管，$U_{BEQ} \approx 0.6\,\text{V}$。否则，可以认为晶体管已损坏）。

（3）调低静态工作点，观察截止失真波形

将电位器 R_P 阻值调大，输入信号接入 $f = 1\,\text{kHz}$、$U_i = 100\,\text{mV}$ 的正弦波信号，观察输出波形是否出现截止失真。当 R_P 调至最大，截止失真仍不明显时，可适当增大 U_i，直至输出波形出现明显的截止失真。测量并记录数据，填入表 2.2.1，同时将截止失真时的输入、输出波形记录在表 2.2.1 中。

表 2.2.1　静态工作点对输出波形的影响数据记录

记录项		饱和失真	截止失真	既饱和又截止失真
静态工作点	测量值	$U_B =$ $U_C =$ $U_E =$ $R_{b2} =$	$U_B =$ $U_C =$ $U_E =$ $R_{b2} =$	$U_B =$ $U_C =$ $U_E =$ $R_{b2} =$
	计算值	$U_{BEQ} =$ $U_{CEQ} =$ $I_{CQ} =$	$U_{BEQ} =$ $U_{CEQ} =$ $I_{CQ} =$	$U_{BEQ} =$ $U_{CEQ} =$ $I_{CQ} =$
波形参数		U_{ipp}（峰峰值）$=$ u_o（顶端值）$=$ u_o（底端值）$=$	U_{ipp}（峰峰值）$=$ u_o（顶端值）$=$ u_o（底端值）$=$	U_{ipp}（峰峰值）$=$ u_o（顶端值）$=$ u_o（底端值）$=$
输入、输出波形				

（4）调整静态工作点合适，观察同时产生饱和与截止失真的波形

输入信号接入 $f = 1\,\text{kHz}$、$U_i = 100\,\text{mV}$ 的正弦波信号，调节 R_P 使静态工作点合适。此时，

保持 R_P 阻值不变，增大 U_i，使输出波形的饱和失真和截止失真同时出现。测量并记录数据，填入表 2.2.1，同时将既饱和又截止失真时的输入、输出波形记录在表 2.2.1 中。

静态工作点测量时，需要注意：

1）静态工作点均为直流信号，应使用万用表的直流档进行测量。

2）测量 R_{b2} 时，必须断电，且将电阻 R_{b2} 的一端从电路中断开后，用万用表的电阻档进行测量。

3）计算 I_C 时，可采用公式 $I_C \approx I_E = \dfrac{U_E}{R'_e + R''_e}$。

3. 动态性能指标的测量

（1）电压放大倍数的测量

调节电位器 R_P，使静态工作点合适。输入信号接入 $f = 1\,\text{kHz}$、$U_i = 100\,\text{mV}$ 的正弦波信号，用示波器同时观察输入、输出波形并记录。在波形不失真的条件下，用交流毫伏表测量 U_i 和 U_o 的有效值，计算电压放大倍数的数值 $|\dot{A}_u|$，将测量数据记录在表 2.2.2 中。按表中要求，改变 R_c 和 R_L，再次测量并记录数据。观察并总结电路参数 R_c 和 R_L 对电压放大倍数的数值 $|\dot{A}_u|$ 的影响。

表 2.2.2 电压放大倍数的测试数据记录

条 件	U_i	U_o	$|\dot{A}_u|$
$R_c = 2\,\text{k}\Omega$，$R_L = \infty$			
$R_c = 2\,\text{k}\Omega$，$R_L = 2\,\text{k}\Omega$			
$R_c = 1\,\text{k}\Omega$，$R_L = \infty$			

注意：改变 R_c 时，需要重新调节电位器 R_P，使静态工作点合适。

（2）输入电阻的测量

取 $R_c = 2\,\text{k}\Omega$，负载开路（$R_L = \infty$），调节电位器 R_P，使静态工作点合适。

按照图 2.2.7 所示的测量方法，取 $R_s = 2\,\text{k}\Omega$，信号源接入 $f = 1\,\text{kHz}$、$U_s = 100\,\text{mV}$ 的正弦波信号。在输出波形不失真条件下，用交流毫伏表分别测量 U_s 和 U_i，计算输入电阻 R_i，记录在表 2.2.3 中。

表 2.2.3 输入电阻的测试数据记录

R_s	U_s	U_i	R_i
$2\,\text{k}\Omega$			

（3）输出电阻的测量

将 R_s 去除，输入信号接入 $f = 1\,\text{kHz}$、$U_i = 100\,\text{mV}$ 的正弦波信号。

分别取 $R_c = 2\,\text{k}\Omega$、$R_c = 1\,\text{k}\Omega$，按照图 2.2.7 所示的测量方法，在输出波形不失真条件下，分别测量负载开路（$R_L = \infty$）和 $R_L = 2\,\text{k}\Omega$ 时对应的输出电压有效值 U'_o 和 U_o，计算输出电阻 R_o，记录在表 2.2.4 中。

表 2.2.4 输出电阻的测试数据记录

R_c	U'_o	U_o	R_o
$2\,\text{k}\Omega$			
$1\,\text{k}\Omega$			

（4）最大不失真输出电压的测量

取 $R_c = 2\,\mathrm{k}\Omega$，负载开路（$R_L = \infty$），同时调节电位 R_P 和输入正弦波信号的幅值，使得饱和与截止失真同时消失，用示波器测量最大不失真输出电压 U_{om}，测量此时的静态工作点。

（5）幅频特性的测量

输入信号接入 $f = 1\,\mathrm{kHz}$、U_i（有效值）$= 100\,\mathrm{mV}$ 的正弦波信号，在输出波形不失真条件下，用交流毫伏表测量 U_i 以及输出电压 U_o，记此电压为 U_{oM}。保持输入信号幅值不变，增大频率，观察交流毫伏表的示数，直至输出电压降低到 $0.707U_{oM}$ 时，所对应频率记为上限截止频率 f_H，记录输出电压 U_o；用同样的方法，减小频率，测量下限截止频率 f_L 和 U_o。

为了便于画出幅频特性曲线，微调频率，在 f_H 和 f_L 附近多测几个频率点，将测量数据填入表 2.2.5 中，画出幅频特性曲线。

表 2.2.5　幅频特性的测试数据记录

f/Hz	f_1	f_L	f_2	f_3	f_4	f_M	f_5	f_6	f_H	f_7
U_i/V										
U_o/V										
$|A_u|$										

（二）扩展实验内容及步骤

1. 按设计的电路和参数完成电路连线。
2. 按照设计的步骤进行电路测试。
3. 记录并整理数据，得到实验结论。

2.2.7　实验注意事项

1. 直流电源、示波器、函数信号发生器、交流毫伏表、万用表以及放大电路要"共地"。

2. 由于万用表频带窄，其交流电压档只能测工频 50 Hz 左右交流电的有效值，因此测量有效值应选择频带范围合适的示波器或交流毫伏表。

3. 所有动态性能指标的测量，必须在波形不失真的前提下（用示波器观察），选择合适的仪器，采用正确的方法来完成测量。

2.3　分立元器件负反馈放大电路实验

2.3.1　实验目的

1. 掌握两级阻容耦合放大电路的静态工作点的调试和动态性能指标的测量方法。
2. 掌握分立元器件负反馈放大电路的动态性能指标的测量方法。
3. 加深理解负反馈对放大电路性能指标的影响。
4. 进一步熟悉常用电子仪器的基本操作和使用方法。

2.3.2 实验任务

（一）基本实验任务

1. 分析两级阻容耦合放大电路，完成电路的接线，学习设置和调试合适的静态工作点的方法。

2. 学习两级阻容耦合放大电路的动态性能指标的测量方法，测量电压放大倍数 $\dot{A}_{u}$、输入电阻 R_{i}、输出电阻 R_{o} 和幅频特性。

3. 在两级阻容耦合放大电路中引入电压串联负反馈，测量负反馈放大电路的放大倍数 $\dot{A}_{uf}$、输入电阻 R_{if}、输出电阻 R_{of} 和幅频特性。

4. 对比两级阻容耦合放大电路和引入负反馈后放大电路的动态性能指标，分析电压串联负反馈对放大电路性能的影响。

（二）扩展实验任务

1. 分析两级阻容耦合放大电路的其他级间负反馈的类型。

2. 针对可引入的负反馈类型，测试其放大倍数 A_{f}、输入电阻 R_{if}、输出电阻 R_{of}，观察并分析引入的负反馈类型对放大电路的性能影响。

2.3.3 基本实验条件

（一）仪器仪表

1. 函数信号发生器   1 台
2. 双踪示波器   1 台
3. 交流毫伏表   1 台
4. 直流稳压电源   1 台
5. 万用表   1 台

（二）器材器件

1. 定值电阻   若干
2. 电位器   1 只
3. 电容器   若干
4. 晶体管   2 只

2.3.4 实验原理

1. 两级阻容耦合放大电路

如图 2.3.1 所示，当开关 S 置 D 点时，电路结构为开环状态下的两级阻容耦合放大电路。每一级均为典型的静态工作点稳定的分压式偏置共射放大电路。两级间通过电容 C_2 相连，各级的静态工作点是相互独立的，在调试静态工作点时可以分别单独调试。

第一级静态工作点：

$$I_{C1} \approx I_{E1} = \left(\frac{V_{CC} R_{b12}}{R_{b11} + R_{b12}} - U_{BE1} \right) / (R_{e1} + R'_{e1})$$

$$U_{CE1} \approx V_{CC} - I_{C1} (R_{c1} + R_{e1} + R'_{e1})$$

第二级静态工作点：

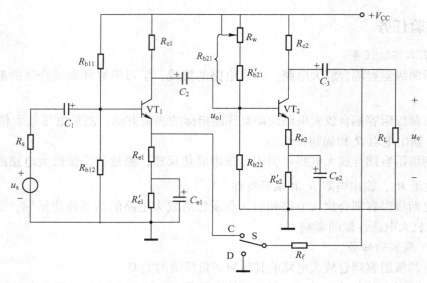

图 2.3.1　两级阻容耦合放大电路

$$I_{C2} \approx I_{E2} = \left(\frac{V_{CC}R_{b22}}{R_{b21}+R_{b22}} - U_{BE2} \right) / (R_{e2}+R'_{e2})$$

$$U_{CE2} \approx V_{CC} - I_{C2}(R_{c2}+R_{e2}+R'_{e2})$$

两级阻容耦合放大电路的电压放大倍数等于每一级分压式偏置共射放大电路的电压放大倍数之积。应当注意，第一级电路的放大倍数是第二级电路输入电阻作为其负载时的电压放大倍数。

两级阻容耦合放大电路的输入电阻就是第一级放大电路的输入电阻，输出电阻就是第二级的输出电阻。

电压放大倍数：

$$\dot{A}_u = \dot{A}_{u1}\dot{A}_{u2} = \left[-\frac{\beta_1(R_{c1}/\!/R_{i2})}{r_{be1}+R_{e1}(1+\beta_1)} \right] \left[-\frac{\beta_2(R_{c2}/\!/R_L)}{r_{be2}+R_{e2}(H\beta_2)} \right]$$

输入电阻：$R_i = R_{i1} = R_{b11}/\!/R_{b12}/\!/[r_{be1}+R_{e1}(1+\beta_1)]$

输出电阻：$R_o = R_{o2} \approx R_{c2}$

2. 分立元器件负反馈放大电路

在放大电路中引入交流负反馈后，其性能会在许多方面得到改善，如稳定放大倍数，改变输入、输出电阻，展宽频带，减小非线性失真等。实用放大电路中，几乎都要引入负反馈。

（1）稳定放大倍数

引入负反馈后，放大电路的放大倍数为 $\dot{A}_f = \dfrac{\dot{A}}{1+\dot{A}\dot{F}}$。

其中，$\dot{A}_f$ 为闭环放大倍数，$\dot{A}$ 为基本放大电路的放大倍数，$\dot{F}$ 是反馈系数。

在中频段，$\dot{A}_f$、$\dot{A}$ 和 $\dot{F}$ 均为实数，$\dot{A}_f$ 的表达式可写成 $A_f = \dfrac{A}{1+AF}$，求微分，可得 $\dfrac{dA_f}{A_f} =$

$$\frac{1}{1+AF}\frac{\mathrm{d}A}{A}\text{。}$$

可见，负反馈放大电路放大倍数的相对变化量 $\mathrm{d}A_f/A_f$ 仅为基本放大电路放大倍数的相对变化量 $\mathrm{d}A/A$ 的 $1/(1+AF)$，也就是说，A_f 的稳定性是 A 的 $(1+AF)$ 倍。但 A_f 的稳定性是以损失放大倍数为代价的，即 A_f 减小到 A 的 $1/(1+AF)$，才使其稳定性提高到 A 的 $(1+AF)$ 倍。

$(1+AF)$ 是负反馈放大电路的反馈深度，反映负反馈对电路指标的影响程度。在深度负反馈条件下，$1+AF\gg 1$ 时，可以认为 $A_f=\dfrac{1}{F}$，即电路的闭环放大倍数仅与反馈系数 F 有关，而与基本放大电路无关。由于反馈网络常为无源网络，受环境温度影响极小，因此闭环放大倍数有很高的稳定性。

（2）改变输入、输出电阻

在放大电路中引入不同组态的交流负反馈，将对输入电阻和输出电阻产生不同的影响。

● 引入串联负反馈，$R_{if}=(1+AF)R_i$；

● 引入并联负反馈，$R_{if}=R_i/(1+AF)$；

● 引入电流负反馈，$R_{of}=(1+AF)R_o$；

● 引入电压负反馈，$R_{of}=R_o/(1+AF)$。

这里，在讨论输出电阻时，A 是基本放大电路空载时的放大倍数。

（3）展宽频带

引入负反馈后，放大倍数会下降，而中频段和高、低频段的放大倍数降低的程度会有所不同。对于中频段，由于开环放大倍数较大，则反馈到输入端的反馈也较大，所以闭环放大倍数减小得多。对于高、低频段，由于开环放大倍数较小，则反馈到输入端的反馈也较小，所以闭环放大倍数减小得少。对于纯电阻反馈网络且放大电路伯德图的低频段和高频段各仅有一个拐点时，有

$$f_{Lf}=f_L/(1+AF)$$
$$f_{Hf}=(1+AF)f_H$$

负反馈放大电路的上限频率 f_{Hf} 是基本放大电路上限频率 f_H 的 $(1+AF)$ 倍，下限频率 f_{Lf} 是基本放大电路下限频率 f_L 的 $1/(1+AF)$。

一般情况下，由于 $f_H\gg f_L$，$f_{Hf}\gg f_{Lf}$，因此，基本放大电路及负反馈放大电路的通频带可分别近似表示成

$$f_{bw}=f_H-f_L\approx f_H$$
$$f_{bwf}=f_{Hf}-f_{Lf}\approx f_{Hf}$$

即引入负反馈使频带展宽，有 $f_{bwf}=(1+AF)f_{bw}$。

（4）减小非线性失真

由于组成放大电路的晶体管具有非线性特性，当输入信号的幅值较大时，输出往往不是正弦波，含有其他谐波，因而产生失真。引入负反馈后，输出谐波部分被减小到基本放大电路的 $1/(1+AF)$。

需要说明的是，只有产生于电路内部的非线性失真才可以通过引入负反馈的方法抑制。输入信号本身的非线性和混入输入信号中的干扰和噪声则无法通过引入负反馈的方法抑制。

如图 2.3.1 所示，当开关 S 置于 C 点时，R_f 引入了电压串联负反馈，构成闭环放大电路。

为了比较引入负反馈前后电路动态性能的不同，还需要测量基本放大电路的动态参数。为了实现无反馈而得到基本放大电路，不能简单地断开反馈支路，而是要去掉反馈作用，但又要把反馈网络的影响（负载效应）考虑到基本放大电路中，即同时将 R_f 并联于输入、输出回路。

但是，由于一般 $R_f \gg R_{e1}$，为了简化问题，可以忽略 R_f 对输入回路的影响，只需考虑 R_f 对输出回路的影响，将 R_f 并联于输出端，即为图 2.3.1 中 S 接在 D 点的情况。

由于放大电路是两级阻容耦合共射放大电路，每一级都是典型的静态工作点稳定的分压式偏置共射放大电路。其静态工作点的调试和测量以及动态性能指标的测量可仿照 2.2 节单级共射放大电路的方法进行。

2.3.5 实验预习要求

(一) 基本实验任务

如图 2.3.1 所示电路中，选 $V_{CC} = 12\ V$，$R_{b11} = 51\ k\Omega$，$R_{b12} = 10\ k\Omega$，$R_{c1} = 5.1\ k\Omega$，$R_{e1} = 100\ \Omega$，$R_e = 1\ k\Omega$，$R_{b21} = 51\ k\Omega$，$R_{b22} = 10\ k\Omega$，$R_{c2} = 5.1\ k\Omega$，$R_{e2} = 1\ k\Omega$，$R_L = 10\ k\Omega$，$R_f = 10\ k\Omega$，晶体管的 $\beta_1 = \beta_2 = 100$。

1) 当开关 S 置于 D 点时，分别估算两级放大电路的静态工作点、电压放大倍数 A_u、输入电阻 R_i 和输出电阻 R_o。

2) 当开关 S 置于 C 点时，画出反馈网络，计算反馈系数 F，判断是否满足深度负反馈的条件。估算负反馈放大电路的电压放大倍数 $\dot{A}_{uf}$、输入电阻 R_{if} 和输出电阻 R_{of}。

(二) 扩展实验任务

1) 判断图 2.3.2 电路中可以引入的级间负反馈的类型，并将 R_f 作为反馈支路在图中做相应的连接。

2) 画出反馈网络，计算反馈系数 F。估算负反馈放大电路的电压放大倍数 A_{uf}、输入电阻 R_{if} 和输出电阻 R_{of}。

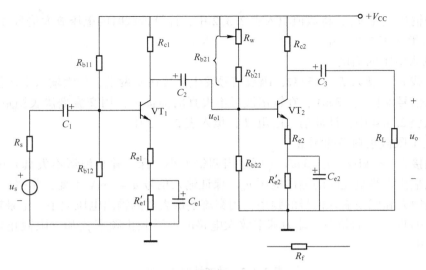

图 2.3.2　分立元器件负反馈放大电路

2.3.6　实验内容及步骤

（一）基本实验内容及步骤

1. 基本放大电路的测试

（1）电路连接

按图 2.3.1 接线，S 接在 D 点。接入直流电源 V_{CC}。选 $V_{CC}=12V$，$R_{b11}=51\,k\Omega$，$R_{b12}=10\,k\Omega$，$R_{c1}=5.1\,k\Omega$，$R_{e1}=100\,\Omega$，$R'_{e1}=1\,k\Omega$，$R_{b21}=R_w+R'_{b21}=100\,k\Omega+20\,k\Omega$，$R_{b22}=10\,k\Omega$，$R_{c2}=5.1\,k\Omega$，$R_{e2}=100\Omega$，$R'_{e2}=1\,k\Omega$，$R_L=10\,k\Omega$，$R_f=10\,k\Omega$，$C_{e1}=C_{e2}=47\,\mu F$，$C_1=C_2=C_3=10\,\mu F$，$R_s$、$R_L$ 先不接。

（2）静态工作点的调整与测量

接通电源，将输入端短路（即 $u_i=0$），逐渐调节电位器 R_w，使 $u_{CE2}\approx6V$，用万用表的直流电压档分别测量两级电路中晶体管各电极对地的电位，计算 U_{CEQ}，将数值填入表 2.3.1 中。

表 2.3.1　静态工作点的测试

晶体管	U_{BQ}	U_{CQ}	U_{EQ}	U_{CEQ}
VT$_1$				
VT$_2$				

（3）电压放大倍数的测量

输入端接入 $f=1\,kHz$、$u_i=5\,mV$（可适当调整大小，保证输出波形不失真）的正弦波信号，用交流毫伏表测量空载时（负载 R_L 不接）的输出电压 u_o，将数值填入表 2.3.2 中，计算空载时的电压放大倍数的数值 $|\dot{A}_u|$，填入表 2.3.3 中。

（4）输出电阻的测量

保持输入信号不变，接上负载 $R_L=10\,k\Omega$，在输出波形不失真的前提下，用交流毫伏表测量带载的输出电压 u_{oL}，将数值填入表 2.3.2 中，计算带载时的电压放大倍数 A_{uL}，计算输出电阻 R_o，填入表 2.3.3 中。

（5）输入电阻的测量

断开负载 R_L，接入 $R_s=15\,\mathrm{k\Omega}$，函数信号发生器接在 u_s 两端，加大输入电压值，使放大电路的输入信号保持 $u_i=3\,\mathrm{mV}$，在输出波形不失真的前提下，用交流毫伏表测量此时的 u_s，将数值填入表 2.3.4 中，计算输入电阻 R_i，填入表 2.3.3 中。

（6）上下限截止频率的测量

输入端接入 $f=1\,\mathrm{kHz}$、$u_i=3\,\mathrm{mV}$（可适当调整大小，保证输出波形不失真）的正弦波信号，用交流毫伏表测量此时的输出电压 u_o。保证输入信号 $u_i=3\,\mathrm{mV}$ 不变，频率从 $1\,\mathrm{kHz}$ 开始变化，分别增大和减小输入信号的频率，用交流毫伏表监测输出电压大小，记录输出电压降至 u_o 的 70.7% 时对应的频率，即为基本放大电路的上限截止频率 f_H 和下限截止频率 f_L，填入表 2.3.2 中。

表 2.3.2 动态性能的测试

测量电路	测量数据				
基本放大电路	u_i/mV	u_o/V	u_{oL}/V	f_H/kHz	f_L/Hz
负反馈放大电路	u_{if}/mV	u_{of}/V	u_{oLf}/V	f_{Hf}/kHz	f_{Lf}/Hz

表 2.3.3 动态性能的分析

测量电路	计算数据			
基本放大电路	A_u	A_{uL}	$R_i/\mathrm{k\Omega}$	$R_o/\mathrm{k\Omega}$
负反馈放大电路	A_{uf}	A_{uLf}	$R_{if}/\mathrm{k\Omega}$	$R_{of}/\mathrm{k\Omega}$

表 2.3.4 输入电阻的测量

测量电路	R_s	u_s/mV	u_i/mV
基本放大电路			
负反馈放大电路			

2. 负反馈放大电路的测试

（1）电路连接

S 接在 C 点，$R_f=10\,\mathrm{k\Omega}$。

（2）电压放大倍数的测量

输入端接入 $f=1\,\mathrm{kHz}$、$u_{if}=20\,\mathrm{mV}$（可适当调整大小，保证输出波形不失真）的正弦波信号，用交流毫伏表测量空载时（负载 R_L 不接）的输出电压 u_o，将数值填入表 2.3.2 中，计算空载时的电压放大倍数 A_{uf}，填入表 2.3.3 中。

（3）其他动态性能指标的测量

输入电阻、输出电阻、上下限截止频率的测量方法同基本放大电路，按照相同的方法测量相应的动态指标，将测量数据填入表 2.3.2、计算数据填入表 2.3.3 中。

（4）负反馈对非线性失真改善的测试

将电路接成基本放大电路的形式，即 S 接在 D 点，在输入端接入 $f = 1\,\mathrm{kHz}$ 的正弦波信号，用示波器观察输出波形，逐渐增大输入信号的大小，使得输出波形开始出现失真，记录此时的输入输出波形，填入表 2.3.5 中。

再将电路接成负反馈放大电路的形式，即 S 接在 C 点，记录此时的输入输出波形，填入表 2.3.5 中。

比较以上两个波形，观察负反馈对非线性失真的改善作用。

表 2.3.5　负反馈对非线性失真的影响

记录项	无负反馈	有负反馈
波形参数	U_{ipp}（峰峰值）= u_{o}（顶端值）= u_{o}（底端值）=	U_{ipp}（峰峰值）= u_{o}（顶端值）= u_{o}（底端值）=
输入、输出波形		

（二）扩展实验内容及步骤

1. 按扩展实验任务要求引入其他类型的负反馈。
2. 测量负反馈放大电路的电压放大倍数 A_{uf}、输入电阻 R_{if} 和输出电阻 R_{of}。自拟表格，记录数据。
3. 分析所引负反馈对放大电路动态性能的影响。

2.3.7　实验注意事项

1. 直流电源、示波器、函数信号发生器及放大电路要共地，避免引起干扰。
2. 要保证在输出波形不失真的前提下进行放大电路动态性能指标的测试。
3. 调试好静态工作点后，在整个测试过程中应保持 R_{w} 不变。

2.4　差分放大电路实验

2.4.1　实验目的

1. 掌握差分放大电路主要技术指标的测试方法。
2. 加深理解差分放大电路的性能及特点。
3. 熟悉基本差分放大电路与具有恒流源差分放大电路的性能差别，明确提高电路性能的措施。

2.4.2　实验任务

（一）基本实验任务
1. 完成长尾式差分放大电路的静态参数测量。

2. 完成长尾式及恒流源式差分放大电路动态参数的测量和计算。学习用示波器观察和测量输入和输出波形的参数。

（二）扩展实验任务

设计一个典型差分放大电路，技术指标要求如下：

差模输入电阻 $R_{id}>20\,\text{k}\Omega$；负载电阻 $R_L=10\,\text{k}\Omega$；

差模电压放大倍数 $|A_{ud}|\geqslant 50$；共模抑制比 $K_{CMR}>100$。

2.4.3 基本实验条件

（一）仪器仪表

1. 函数信号发生器   1 台
2. 示波器   1 台
3. 交流毫伏表   1 台
4. 直流稳压电源   1 台
5. 万用表   1 台

（二）器材器件

1. 定值电阻   若干
2. 晶体管   2 只
3. 电位器   1 只

2.4.4 实验原理

差分放大电路是模拟电路的基本单元电路之一。差分放大电路的电路结构对称，是直接耦合放大电路的电路形式，具有放大差模信号、抑制共模干扰信号和零点漂移的功能。

差分放大电路根据输入、输出形式的不同可以分为四种形式：双入双出、双入单出、单入双出和单入单出。

1. 长尾式差分放大电路

如图 2.4.1 所示，当开关 S 置于位置"1"时，电路是典型的差分放大电路。由于 R_e 接负电源 $-V_{EE}$，拖一个尾巴，故称为长尾式差分放大电路。

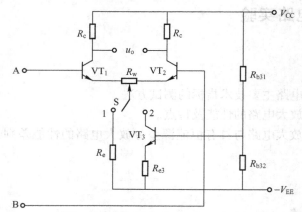

图 2.4.1 差分放大电路实验电路

即使采用在同一块基片上制造出的差分对管也不能保证绝对的对称，因此，电路中设有调零电位器 R_w，调零电位器 R_w 可使晶体管 VT_1、VT_2 的集电极静态电流相等。R_e 为 VT_1、VT_2 管发射极公共电阻，其对共模干扰信号具有很强的交流负反馈作用，R_e 越大，共模抑制比 K_{CMR} 越高，R_e 对差模信号无负反馈作用，不影响差模放大倍数，但具有很强的直流负反馈作用，可稳定 VT_1、VT_2 两管的静态工作点。

（1）静态分析

若假设差分放大电路中电路参数理想对称，当 R_w 滑动端在中点时，VT_1 管和 VT_2 管的发射极静态电流如下：

$$U_{BEQ} + I_{EQ}\frac{R_w}{2} + 2I_{EQ}R_e = V_{EE}$$

$$I_{EQ} = (V_{EE} - U_{BEQ}) \Big/ \left(\frac{R_w}{2} + 2R_e\right)$$

同样的道理可以计算出 U_{C1}、U_{C2} 等静态参数。

（2）对差模信号的放大作用

当 VT_1、VT_2 的基极分别接入幅值相等、极性相反的差模信号时，两管发射极产生大小相等、方向相反的变化电流。这两个电流同时流过发射极电阻 R_e（开关置位置"1"时），结果互相抵消，即 R_e 中没有差模信号电流流过，也就没有差模电压产生影响。但对 VT_1、VT_2 而言，一个管子集电极电流增大，另一个管子集电极电流减小，于是在两管集电极之间的输出电压就是被放大了的差模输入电压。

双端输出时，差模放大倍数为

$$A_{ud} = \frac{u_{od}}{u_{id1} - u_{id2}} = \frac{2u_{od}}{2u_{id1}} = \frac{\beta R'_L}{r_{be} + (1+\beta)R_w/2}$$

式中，$R'_L = R_c /\!/ (R_L/2)$。

单端输出时，差模放大倍数为

$$A_{ud1} = -A_{ud2} = \frac{1}{2}A_{ud} = -\frac{\beta R'_L}{2[r_{be} + (1+\beta)R_w/2]}$$

（3）对共模信号的抑制作用

放大电路因温度、电压波动等因素所引起的零点漂移和干扰都属于共模信号，相当于在差动放大器两个管子的输入端加上大小相等、方向相同的信号。将图 2.4.1 所示电路中两个输入端 A 和 B 短路，并接到信号源输出端上，则差动放大电路就获得了共模输入信号 u_{ic}，这时输出端可测得平衡输出共模电压 u_{oc} 或单端输出共模电压 u_{oc1}（或 u_{oc2}）。

双端输出时为

$$A_{uc} = \frac{u_{oc}}{u_{ic}} = \frac{u_{oc1} - u_{oc2}}{u_{ic}} \approx 0$$

单端输出时为

$$A_{uc1} = \frac{u_{oc1}}{u_{ic}} = \frac{u_{oc2}}{u_{ic}} = -\frac{\beta R'_L}{r_{be} + (1+\beta)\left(\dfrac{R_w}{2} + 2R_e\right)} \approx -\frac{R'_L}{2R_e} = -\frac{R'_c}{2R_e}$$

（4）共模抑制比 K_{CMR}

为了综合考虑差分放大电路对差模信号的放大能力和对共模信号的抑制能力，引入共模抑制比这样一个参数，其定义为

$$K_{CMR} = \left| \frac{A_d}{A_c} \right|$$

其值越大说明电路性能越好。所以：

双端输出时，$K_{CMR} = \left| \dfrac{A_{ud}}{A_{uc}} \right| \approx \infty$

单端输出时，$K_{CMR} = \left| \dfrac{A_{ud1}}{A_{uc1}} \right| \approx \dfrac{\beta R_e}{r_{be} + (1+\beta)\dfrac{R_w}{2}}$（$R_L$开路）

可见，R_w越大，共模抑制能力越弱；R_e越大，抑制共模干扰信号的能力越强，即 K_{CMR}越大。

2. 具有恒流源的差分放大电路

图 2.4.1 中，当开关 S 置于位置 "2" 时，电阻 R_e 就被由 VT_3 构成的恒流源所代替。当静态工作点相同时，其差模放大倍数与典型差放电路相同，而由于恒流源的交流等效电阻 r'_{ce3} 远大于 R_e，所以共模放大倍数很小，共模抑制比 K_{CMR} 很大。

2.4.5 实验预习要求

（一）基本实验任务

1. 认真学习差分放大器的工作原理及性能分析方法，填空完成以下问题：

1）差分放大电路的功能是

① ＿＿＿＿＿＿　　② ＿＿＿＿＿＿　　③ ＿＿＿＿＿＿

2）差模信号是指＿＿＿＿＿＿；共模信号是指＿＿＿＿＿＿。

3）差分放大电路的差模信号是两个输入端信号的＿＿＿＿＿＿，共模信号是两个输入端信号的＿＿＿＿＿＿。

4）用恒流源取代长尾式差分放大电路中的发射极电阻 R_e，将使电路的＿＿＿＿＿＿。

　　A. 差模放大倍数数值增大　　B. 抑制共模信号能力增强　　C. 差模输入电阻增大

2. 假设图 2.4.1 中 $R_c = 20\,k\Omega$，$R_w = 470\,\Omega$，$R_e = 30\,k\Omega$，$R_{e3} = 4.7\,k\Omega$，$R_{b31} = 300\,k\Omega$，$R_{b32} = 36\,k\Omega$，$V_{CC} = +12\,V$，$-V_{EE} = -12\,V$，估算长尾式差分放大电路的静态工作点，设备晶体管 $\beta = 30$，$r_{be} = 1\,k\Omega$。

（二）扩展实验任务（可另行附页完成）

1. 根据设计任务，确定电路方案，计算并选取各元器件参数；画出设计电路图，并在图中标注元器件的参数。

2. 设计测试步骤和数据表格。

2.4.6 实验内容及步骤

（一）基本实验内容及步骤

1. 长尾式差分放大电路的测试

按照图 2.4.1 连接电路，开关 S 置于位置"1"处。

（1）调零及静态工作点的调整与测量

不接入信号源，即将差分输入端 A、B 两点接地，用万用表的直流电压档测量输出电压，调节电位器 R_w，使 $U_o = 0\,V$。测量 VT_1、VT_2 的静态工作点，记入表 2.4.1 中。

表 2.4.1 长尾式差分放大电路静态工作点的测量

记录项	测 量						计 算		
	U_{C1}	U_{C2}	U_{E1}	U_{BE1}	U_{BE2}	U_{Re}	I_{CQ1}	I_{CQ2}	$I_{EQ} = I_{E1} + I_{E2}$
实测值									
理论值									

（2）动态性能指标的测量

① 双端输入

按照表 2.4.2 的要求，用函数信号发生器产生 $f = 1\,kHz$ 的正弦输入信号，并分别接入 A、B 端，用示波器分别观察和测量输入端、单端输出端及双端输出端的电压波形，计算差模放大倍数 A_u、共模抑制比 K_{CMR}，填入表 2.4.2 中，并记录输入差模信号时的输入、输出波形及 VT_1、VT_2 集电极输出波形。（单端输出时，从 VT_1 管输出信号）

② 单端输入

按照表 2.4.2 的要求，用函数信号发生器产生 $f = 1\,kHz$ 的正弦输入信号，并将其接入 A 端，B 端短路，用示波器分别观察和测量输入端、单端输出端及双端输出端的电压波形，计算差模放大倍数 A_u、共模抑制比 K_{CMR}，填入表 2.4.2 中。（单端输入时，从 VT_1 管接入输入信号；单端输出时，从 VT_1 管输出信号）

表 2.4.2 长尾式差分放大电路动态性能的测量

电路形式	输入信号类型	U_{o1pp}/V	U_{o2pp}/V	U_{opp}/V	单端输出放大倍数	双端输出放大倍数	K_{CMR}
双端输入	差模 $U_{ipp} = 100\,mV$						
	共模 $U_{ipp} = 100\,mV$						
单端输入	差模、共模 $U_{ipp} = 200\,mV$						——

长尾式差分放大电路波形记录（双端输入差模信号的输入、输出波形及 VT_1、VT_2 集电极输出波形）：

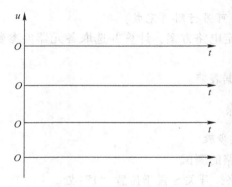

2. 具有恒流源的差分放大电路的测试

将图 2.4.1 中开关 S 置于位置 "2" 处。

按照长尾式差分放大电路动态性能指标的测量方法，测量具有恒流源的差分放大电路的动态性能指标，将测量数据填入表 2.4.3 中，并记录输入共模信号时的输入、输出波形及 VT_1、VT_2 集电极输出波形。

表 2.4.3　具有恒流源的差分放大电路动态性能的测量

电路形式	输入信号类型	U_{o1pp}/V	U_{o2pp}/V	U_{opp}/V	单端输出放大倍数		双端输出放大倍数	K_{CMR}
双端输入	差模 $U_{ipp}=100\ mV$				VT_1 管输出			
					VT_2 管输出			
	共模 $U_{ipp}=100\ mV$				VT_1 管输出			
					VT_2 管输出			
单端输入	差模、共模 $U_{ipp}=200\ mV$				VT_1 管输出			——
					VT_2 管输出			

具有恒流源的差分放大电路波形记录（双端输入共模信号的输入、输出波形及 VT_1、VT_2 集电极输出波形）：

（二）扩展实验内容及步骤

1. 搭建电路

按照设计进行电路连接。

2. 调零及静态工作点的调整与测量

不接入信号源，将差分放大电路输入端与地短接。接通供电电源，用万用表的直流电压档测量输出电压，调节电位器使得输出电压为 0。

调零后，测量静态工作点。

3. 动态性能指标的测量

采用与基本实验任务类似的方法，测量设计电路的动态性能指标，分析电路性能和特点。

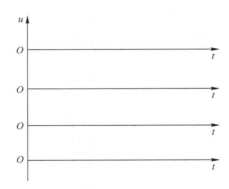

2.4.7 实验注意事项

1. 为实验简单，测差分放大电路的差模电压放大倍数时，采用了单端输入方式，若采用双端输入方式，在实际应用中，信号源需接隔离变压器后再与被测电路相接。

2. 测量静态工作点和动态指标前，一定要先调零。测量动态指标应在输出波形不失真时进行。

3. 注意输入信号是差模信号时，两个输入端信号的相位差为180°。

2.5 功率放大电路实验

2.5.1 实验目的

1. 掌握 OCL、OTL 互补对称功率放大电路的调试方法。
2. 掌握 OCL、OTL 互补对称功率放大电路的性能指标的测量方法。
3. 观察交越失真，理解消除交越失真的原理。
4. 了解自举电路原理及其对改善 OTL 互补对称功率放大电路性能所起的作用。

2.5.2 实验任务

（一）基本实验任务
1. 完成 OCL 互补对称功率放大电路的调试。
2. 测量 OCL 互补对称功率放大电路的最大输出功率和效率。
3. 观察交越失真现象。
（二）扩展实验任务
1. 完成 OTL 互补对称功率放大电路的调试。
2. 测量 OTL 互补对称功率放大电路的最大输出功率和效率。
3. 观察自举电路对改善 OTL 互补对称功率放大电路性能所起的作用。

2.5.3 基本实验条件

（一）仪器仪表
1. 函数信号发生器   1 台

2. 示波器	1 台
3. 交流毫伏表	1 台
4. 直流稳压电源	1 台
5. 万用表	1 台

（二）器材器件

1. 定值电阻	若干
2. 二极管	2 只
3. 晶体管	2 只
4. 电位器	1 只
5. 电容器	若干

2.5.4 实验原理

功率放大电路的作用是不失真地向负载提供足够大的功率。通常该电路是在大信号条件下工作的，在分析和设计电路时一般采用图解分析法。

功率放大器根据功放管平均导通时间的长短（或集电极电流流通时间的长短或导通角的大小），主要分为甲类、乙类、甲乙类和丙类 4 种工作状态。

- 甲类工作状态下，在整个周期内晶体管的发射结都处于正向运用，集电极电流始终是流通的，即导通角 θ 等于 360°。
- 乙类工作状态下，晶体管的发射结在输入信号的半个周期内正向运用，在另外半个周期内反向运用，晶体管半个周期导电半个周期截止。集电极电流只在半个周期内随信号变化，而在另半个周期截止，即导通角 θ 等于 180°。
- 甲乙类工作状态是介于甲类和乙类之间的工作状态，即发射结处于正向运用的时间超过半个周期，但小于一个周期，即导通角 θ 大于 180° 且小于 360°。
- 丙类工作状态下，晶体管发射结处于正向运用的时间小于半个周期，集电极电流流通的时间不到半个周期，即导通角 θ 小于 180°。

目前使用最为广泛的是无输出电容（Output Capacitorless，OCL）功率放大电路和无输出变压器（Output Transformerless，OTL）功率放大电路。

1. OCL 互补对称功率放大电路

图 2.5.1 是 OCL 互补对称功率放大电路的原理图。OCL采用双电源供电，与负载直接耦合。该电路具有消除交越失真的功能，图中 VD_1、VD_2 两个二极管在输入信号为零时，两只管子处于临界导通或微导通状态，当有信号输入时两只管子中至少有一只导通，从而消除了交越失真。二极管导通时，对直流电源的作用可近似等效为一个 0.6~0.8 V 的直流电池，对交流信号的作用可等效为一个数值很小的动态电阻。

输出功率、效率和非线性失真是功率放大电路的主要指标。

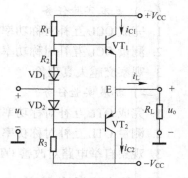

图 2.5.1　OCL 互补对称功率放大电路的原理图

（1）最大输出功率 P_{om}

理想情况下，OCL 功率放大电路的最大输出功率为

$$P_{om} = \frac{U_{om}^2}{R_L} = \frac{V_{CC}^2}{2R_L}$$

测量方法：给放大电路输入中频正弦信号电压，逐渐加大输入电压幅值，当用示波器观察到输出波形为临界削波时，用毫伏表测出此时的输出电压 U_{om}，代入上式，即可算出最大输出功率。

（2）直流电源供给的平均功率 P_V

电源在负载获得最大输出功率时所消耗的平均功率等于其平均电流与电源电压之积，即

$$P_V = 2IV_{CC}$$

理想情况下，可写成

$$P_V = \frac{2}{\pi} \frac{V_{CC}^2}{R_L}$$

测量方法：在测量 U_{om} 的同时，记下直流毫安表的读数 I，可算出此时电源供给的功率。

（3）效率 η

最大输出功率与直流电源供给的平均功率之比称为转换效率，即

$$\eta = \frac{P_{om}}{P_V}$$

（4）最大输出功率时晶体管的管耗 P_T

在功率放大电路中，电源提供的功率，除了转换成输出功率外，其余部分主要消耗在晶体管上，可以认为晶体管所损耗的功率为

$$P_T = P_V - P_{om}$$

2. OTL 互补对称功率放大电路

图 2.5.2 是一个 OTL 互补对称功率放大电路的实验电路。

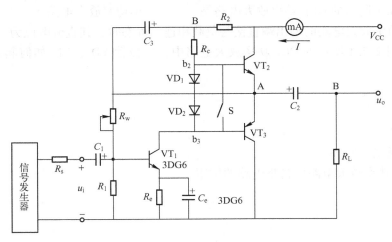

图 2.5.2　OTL 互补对称功率放大电路的实验电路

设电路工作在甲乙类接近乙类。静态时，不接入信号源，调节 R_w，就可使 I_{RC}、U_{B2} 和 U_{B3} 达到所需数值，给 VT_2、VT_3 提供一个合适的偏置，从而使 A 点电位 $U_A = V_{CC}/2$。

当有信号 $U_i = U_{im}\sin\omega t$ 时，在信号的负半周经 VT_1 放大反相后加到 VT_2、VT_3 基极，使 VT_3 截止、VT_2 导电，有电流通过 R_L，同时向电容 C_2 充电，形成输出电压 u_o 的正半周波形；在信号的正半周，经 VT_1 管放大反相后，使 VT_2 截止、VT_3 导电，已充电的电容 C_2 起着电源的作用，通过 VT_3 和 R_L 放电，形成输出电压 u_o 的负半周波形。当 u_i 周而复始变化时，VT_2、VT_3 交替工作，负载 R_L 上可得到完整的正弦波。抑制比 K_{CMR} 越高，R_e 对差模信号无负反馈作用，不影响差模放大倍数，但具有很强的直流负反馈作用，可稳定 VT_1、VT_2 两管的静态工作点。

理想情况下，图 2.5.2 所示电路的输出电压最大峰值 $U_{om} = V_{CC}/2$，实际上达不到上述值。这是因为，当 u_i 为负半周时，VT_2 导电，由于 R_c 的压降和 U_{BE2} 的存在，当 A 点电位向 V_{CC} 接近时，VT_2 管的基极电流将受到限制，故当最大输出电位向 V_{CC} 接近时，最大输出电压幅值 U_{om} 远小于 $V_{CC}/2$。为解决这个问题，图中增加了自举电路。R_2、C_3 构成的自举电路的作用是，当 C_3 足够大时，其交流阻抗可以不计，A 点与 B 点的交流电压相同，而 b_3 点与 A 点的交流电压基本一致，当 b_3 点电压升高时，B 点也跟着升高，反之亦然。故 B、b_3 的交流电压变化规律相同，R_c 上的交流压降基本不变，其中交流电流基本为零。故有 $i_{C1} \approx i_{B2}(i_{B3})$，其结果是增大了最大不失真输出功率，提高了功率增益和效率。

OTL 功率放大电路的性能指标测量方法与 OCL 功率放大电路的相同，这里不再赘述。

2.5.5 实验预习要求

（一）基本实验任务

复习功率放大电路的相关理论知识，预习功率放大电路的性能指标及测量方法，填空完成以下问题：

1）功率放大管的导通角是 180° 的放大电路是 _____ 类功率放大电路。

2）与甲类功率放大方式相比，乙类互补对称功率放大的主要优点是 _____。

3）互补输出级采用射极输出方式是为了使 _____。

4）图 2.5.1 所示的 OCL 功率放大电路是 _____ 类功率放大电路。

5）OCL 功率放大电路的输出端直接与负载相连。静态时，其直流电位为 _____。

6）说明图 2.5.1 所示的 OCL 功率放大电路中，二极管 VD_1、VD_2 如何起到消除交越失真的作用。

（二）扩展实验任务

简述 OTL 功率放大电路中自举电路的作用。

2.5.6 实验内容及步骤

（一）基本实验内容及步骤

OCL 互补对称功率放大电路的测试

（1）性能指标的测量

按图 2.5.1 接线，选 $V_{CC} = 5\,V$，$R_1 = 200\,\Omega$，$R_2 = 10\,\Omega$，$R_3 = 200\,\Omega$，$R_L = 8\,\Omega$。输入端接入 $f = 1\,kHz$、$U_{1pp} = 50\,mV$ 的正弦波信号。逐渐加大输入电压幅值，用示波器观察输出波形为临界削波时（可用失真度仪观察临界），测出输出电压幅值，并测出此时直流电源的电流 I_1、I_2 和电源电压 V_{CC}，计算 P_{om}、P_V、P_T 和 η，填入表 2.5.1 中。记录此时的输出波形。

表 2.5.1　OCL 互补对称功率放大电路的性能指标测试数据

测量值				计算值		
U_{om}/V	I_1/mA	I_2/mA	V_{CC}/V	P_{om}/W	P_V/W	η

（2）交越失真的观察

将电路中的二极管短路，观察波形变化，并记录输出波形。

波形记录：

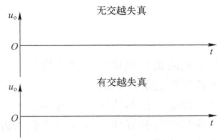

（二）扩展实验内容及步骤

OTL 互补对称功率放大电路的测试

（1）搭建电路

按图 2.5.2 接线，选 $R_1 = 5.1\,k\Omega$，$R_2 = 150\,\Omega$，$R_w = 15\,k\Omega$，$R_c = 680\,\Omega$，$R_s = 1\,k\Omega$，$R_e = 51\,\Omega$，$R_L = 8\,\Omega$；$C_1 = 10\,\mu F$，$C_2 = 470\,\mu F$，$C_3 = 470\,\mu F$，$C_e = 47\,\mu F$，$V_{CC} = +6\,V$。S 断开，给 VT$_2$、VT$_3$ 管发射结加正偏压，调节 R_w，使 $U_A = V_{CC}/2$。

（2）具有自举的性能测试

在输入端接入 $f = 1\,kHz$ 的正弦信号电压。逐渐加大输入电压幅值，当用示波器观察到输出电压 u_o 的波形为临界削波时，用毫伏表测出输出电压 U_{om}，并测出此时直流电源的电流 I 和电源电压 V_{CC}，算出 P_{om}、P_V、P_T 和 η，填入表 2.5.2 中。

（3）不加自举的性能测试

断开 C_3，在不加自举的情况下，调节输入电压幅值，使得输出电压 u_o 的波形刚好不失真，用毫伏表测出输出电压 U_{om}，并测出此时直流电源的电流 I_1、I_2 和电源电压 V_{CC}，算出 P_{om}、P_V、P_T 和 η，填入表 2.5.2 中。

表 2.5.2　OTL 互补对称功率放大电路的性能指标测试数据

测试项	测量值				计算值		
	U_{om}/V	I_1/mA	I_2/mA	V_{CC}/V	P_{om}/W	P_V/W	η
有自举							
无自举							

（4）观察交越失真

连接 C_3，S 闭合，观察波形变化。

2.5.7 实验注意事项

1. 在测量电源电流时，应选择直流电流档以测量电源电流的平均值。

2. 注意在计算 OCL 互补对称功率放大电路的电源总功率时，由于双电源供电，电压应为 $2V_{CC}$，电流应是平均值，输出电压换算成有效值。

3. 注意分析电路效率与偏置电阻的关系。静态时，输入为零，输出也为零，但此时电路存在消耗，增大限流电阻阻值，电源输出电流的平均值减小，说明电源功率与二极管限流电阻的阻值成反比。

2.6 集成负反馈放大电路实验

2.6.1 实验目的

1. 熟悉由集成运算放大器组成的负反馈放大电路的特性。

2. 掌握深度负反馈条件下各项性能的测试方法。

3. 掌握负反馈放大电路电压传输特性曲线测量的方法。

4. 学习使用集成运算放大器时的检验好坏、调零及消振的方法。

5. 进一步熟悉常用电子仪器的使用方法。

2.6.2 实验任务

（一）基本实验任务

1. 利用集成运算放大器组成电压并联负反馈电路（反相比例电路），测量电压放大倍数 A_{uf}、观察电压传输特性 $(u_i - u_o)$ 曲线、测输出电阻 R_{of} 和输入电阻 R_{if}。

2. 利用集成运算放大器组成电压串联负反馈电路（同相比例电路），测量电压放大倍数 A_{uf}、观察电压传输特性 $(u_i - u_o)$ 曲线、测输出电阻 R_{of} 和输入电阻 R_{if}。

（二）扩展实验任务

按以下要求设计一个负反馈放大电路：

1）指标要求：$A_{uf} = 10$，输入阻抗 $R_{if} > 1 M\Omega$。

2）测量该放大电路的电压放大倍数 A_{uf}，观察电压传输特性 $(u_i - u_o)$ 曲线，测输出电阻 R_{of} 和输入电阻 R_{if}。

2.6.3 基本实验条件

（一）仪器仪表

1. 函数信号发生器　　　　　　　　　　1 台

2. 双踪示波器　　　　　　　　　　　　1 台

3. 交流毫伏表　　　　　　　　　　　　1 台

4. 直流稳压电源　　　　　　　　　　　1 台

5. 万用表 　　　　　　　　　　　1 台
（二）器材器件
1. 定值电阻 　　　　　　　　　　　若干
2. 集成运算放大器 　　　　　　　　1 只

2.6.4　实验原理

集成运算放大器是具有两个输入端和一个输出端的高增益、高输入阻抗的器件。利用集成运算放大器作为放大电路，可以引入各种组态的负反馈。在分析由集成运算放大器构成的负反馈放大电路时，通常将其性能指标理想化。集成运算放大器的工作区域只有两个：线性区和非线性区。在由集成运算放大器构成的负反馈放大电路中，集成运算放大器工作在线性区。

在线性区，"虚短"和"虚断"是分析其输入信号和输出信号关系的两个基本出发点。所谓"虚短"，是指理想运算放大器的两个输入端电位无穷接近，但又不是真正短路的特点；所谓"虚断"，是指理想运算放大器的两个输入端电流趋于零，但又不是真正断路的特点。

由集成运算放大器可组成四种组态的负反馈放大电路：电压并联负反馈、电压串联负反馈、电流并联负反馈和电流串联负反馈。这里主要研究前两种。

1. 电压并联负反馈电路

如图 2.6.1 所示，输入信号 u_i 由反相端接入，因此，u_o 与 u_i 相位相反。输出电压经 R_f 反馈到反相输入端，构成电压并联负反馈电路。

由"虚短""虚断"的原则可知，该电路的闭环电压放大倍数为

$$\dot{A}_{uf} = \frac{\dot{A}_o}{\dot{A}_i} = -\frac{R_f}{R_1}$$

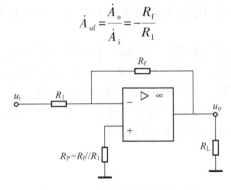

图 2.6.1　电压并联负反馈电路

当置 $R_f = R_1$ 时，运算电路的输出电压等于输入电压的负值，称为反相器。由于反相输入端具有"虚地"的特点，故其共模输入电压等于零。反相比例运算电路的电压传输特性如图 2.6.2 所示，其输出电压的最大不失真峰峰值为 $U_{opp} = 2U_{OM}$，式中，U_{OM} 为受电源电压限制的运放最大输出电压，通常 U_{OM} 比电源电压 V_{CC} 小 1～2 V。

电路输入信号的最大不失真范围为

$$U_{ipp} = \frac{U_{opp}}{|A_{uf}|} = U_{opp}\frac{R_1}{R_f}$$

2. 电压串联负反馈电路

如图 2.6.3 所示，这是一个电压串联负反馈电路，其输入阻抗高，输出阻抗低，具有放大及阻抗变换作用，通常用于隔离或缓冲级。

在理想条件下，其闭环电压放大倍数为

$$\dot{A}_{uf} = \frac{\dot{A}_o}{\dot{A}_i} = 1 + \frac{R_f}{R_1}$$

图 2.6.3 中，当 $R_f = 0$ 或 $R_1 = \infty$ 时，$\dot{A}_{uf} = 1$，即输出电压与输入电压大小相等、相位相同，称为同相电压跟随器。

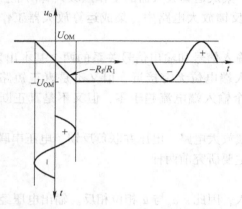

图 2.6.2 电压并联负反馈电路的电压传输特性   图 2.6.3 电压串联负反馈电路

3. 负反馈放大电路输入、输出电阻的测量

负反馈放大电路输入、输出电阻的测量方法与 2.2 节晶体管放大电路的输入、输出电阻测量方法相同。

需要注意的是，在测量输入电阻时应选取串联的信号源内阻 R_s 与集成运算放大器的 r_i 的数量级相同，数值接近。另外，由于增加了 R_s，原来不振荡的电路有可能产生振荡，因此需要同时观察输出信号的波形，在输出不失真的前提下进行测量。

在测量输出电阻时，负载的变化也有可能使信号失真。因此，同样需要用示波器观察输出信号的波形，在输出不失真的前提下进行测量。

2.6.5 实验预习要求

（一）基本实验任务

1. 复习集成运算放大器和负反馈放大电路的相关理论知识，预习实验知识，回答以下问题：

1）电压并联负反馈和电压串联负反馈各自的特点是什么？各在什么情况下被采用？

2）解释"虚短""虚断"和"虚地"的现象。

3）复习集成运算放大器的结构特性，如何利用实验室条件测试集成运算放大器的好坏？如何对集成运算放大器进行调零？

4）如何用直流稳压电源给电路提供±15 V电源？如何用示波器测量电路的传输特性曲线？

2．预习实验内容与步骤，自拟数据表格。

（二）扩展实验任务（可另行附页完成）

1．按要求设计负反馈放大电路，给出电路结构和参数，定性画出该电路的电压传输特性曲线。

2．设计测试步骤和数据表格。

2.6.6　实验内容及步骤

（一）基本实验内容及步骤

1．电压并联负反馈放大电路的测试

（1）搭建电路与调零

按图 2.6.1 连线，令 $R_1 = 10\,k\Omega$、$R_P \approx 9.1\,k\Omega$（用 $10\,k\Omega$ 代替）、$R_f = 100\,k\Omega$、$R_L = \infty$。

将输入端与地短接，用万用表的直流电压档测量集成运算放大器的输出电压。调节集成运算放大器上的调零电位器，使输出电压为零。若调零电位器无法调节，可记录此时的失调电压值。

（2）电压放大倍数的测量

在输入端接入 $f = 500\,Hz$、U_i（有效值）$= 0.5\,V$ 的正弦波信号，用示波器或交流毫伏表测量输出电压有效值 U_o，自拟表格记录数据，计算 A_{uf}，并与理论值比较。

（3）电压传输特性的观察与测量

将输入信号 u_i 接于双踪示波器的 CH1 输入端，输出信号 u_o 接于 CH2 输入端。示波器水平系统置于 X-Y 方式。

保持输入信号 u_i 的频率不变，逐渐加大 u_i 的幅值，直至使 u_o 在正、负方向上均出现饱和。测量并记录曲线的斜率和转折点的输入、输出电压值，说明其含义。

（4）输出电阻的测量

输入端接入 $f = 500\,Hz$、U_i（有效值）$= 0.5\,V$ 的正弦波信号，分别测出 $R_L = 510\,\Omega$ 时的 U_o 和 $R_L = \infty$ 时的 U_o' 值。计算输出电阻 R_{of}。

改变 R_L 分别为 ∞、$10\,k\Omega$、$5.1\,k\Omega$、$510\,\Omega$，测量并记录对应的 U_o 值，自拟表格记录数据，并说明电压负反馈电路稳定输出电压的作用。

（5）输入电阻的测量

令 $R_L = \infty$，在 R_1 前面串接 $R_s = 10\,k\Omega$ 电阻，再加入 $f = 500\,Hz$、U_s（有效值）$= 0.5\,V$ 的正弦波信号，测量得出 U_s 和 U_i 值，计算输入电阻 R_{if}，自拟表格记录数据，并说明并联反馈对电路输入电阻的影响。

2. 电压串联负反馈放大电路的测试

（1）搭建电路与调零

按图 2.6.3 连线，令 $R_1 = 10\,k\Omega$、$R_P \approx 9.1\,k\Omega$（用 $10\,k\Omega$ 代替）、$R_f = 100\,k\Omega$、$R_L = \infty$。

将输入端与地短接，用万用表的直流电压档测量集成运算放大器的输出电压。调节集成运算放大器上的调零电位器，使输出电压为零。

（2）电压放大倍数的测量

在输入端接入 $f = 500\,Hz$、U_i（有效值）$= 0.5\,V$ 的正弦波信号，用示波器或交流毫伏表测量输出电压有效值 U_o，自拟表格记录数据，计算 A_{uf}，并与理论值比较。改变 R_f 的值，再次测量 U_o，自拟表格记录数据，计算 A_{uf}，并与理论值比较。

若令 $R_f = 0$，$R_L = \infty$，测量 U_o，计算 A_{uf}，指出该电路名称及其特点。此电路可以用于集成运算放大器好坏的判断。

（3）电压传输特性的测量

采用与电压并联负反馈相同的方法进行电压传输特性的测量，自拟表格记录数据。

（4）输入电阻的测量

在电路输入端串入 $R_s = 1\,M\Omega$ 的电阻，再加入 $f = 500\,Hz$，U_s（有效值）$= 0.5\,V$ 的正弦波信号，测量得出 U_s 和 U_i 值，计算输入电阻 R_{if}，自拟表格记录数据，并说明串联反馈对电路输入电阻的影响。

（二）扩展实验内容及步骤

1. 根据设计的电路和器件进行电路连线。

2. 选择合适的仪器进行电路测试，测量电压放大倍数 A_{uf}、观察电压传输特性 $(u_i - u_o)$ 曲线、测输出电阻 R_{of} 和输入电阻 R_{if}。

2.6.7　实验注意事项

1. 集成运算放大器供电电压为 $\pm 15\,V$，正电源的负极和负电源的正极连接后要与实验电路的接地端相连。

2. 集成运算放大器输出端不能直接接地。

3. 调零时，放大电路的输入端与地短接，信号源的输出端不可接地。

4. 测量时，注意电路与电子仪器的"共地"。

2.7 集成运算放大器的基本应用实验

2.7.1 实验目的

1. 掌握集成运算放大器的正确使用方法。

2. 掌握用集成运算放大器构成的各种基本运算电路的调试方法。

3. 学习使用集成运算放大器时的检验好坏、调零及消振的方法。

4. 进一步熟悉常用电子仪器的使用方法。正确学习使用示波器交流输入方式和直流输入方式观察波形的方法。掌握输入、输出波形的测量和描绘方法。

2.7.2 实验任务

（一）基本实验任务

1. 利用集成运算放大器组成反相比例运算电路，测量其输入、输出的关系。

2. 利用集成运算放大器组成同相比例运算电路，测量其输入、输出的关系。

3. 利用集成运算放大器组成电压跟随器，测量其输入、输出的关系。

4. 利用集成运算放大器组成反相求和运算电路，测量其输入、输出的关系。

5. 利用集成运算放大器组成加减运算电路，测量其输入、输出的关系。

6. 利用集成运算放大器组成积分电路，测量其输入、输出的关系。

7. 利用集成运算放大器组成微分电路，测量其输入、输出的关系。

（二）扩展实验任务

设计电路，实现以下运算关系，完成电路连接与测试。

1）$u_o = 5u_{i1} + u_{i2}$（$R_f = 100\,\mathrm{k\Omega}$）。

2）$u_o = 5u_{i2} - u_{i1}$（$R_f = 100\,\mathrm{k\Omega}$）。

3）$u_o = 2u_{i1} - 10u_{i2} - 5u_{i3}$。

4）输出电压连续可调的恒压源（要求用一个集成运算放大器实现）。

5）恒流源电路（要求用一个集成运算放大器实现）。

2.7.3 基本实验条件

（一）仪器仪表

1. 函数信号发生器   1 台

2. 双踪示波器   1 台

3. 直流稳压电源   1 台

4. 万用表   1 台

5. DC 信号源   1 个

（二）器材器件

1. 定值电阻　　　　　　　　　　　　　若干
2. 集成运算放大器　　　　　　　　　　1 只
3. 电容器　　　　　　　　　　　　　　2 只

2.7.4　实验原理

集成运算放大器是具有两个输入端和一个输出端的高增益、高输入阻抗的器件。在它的输出端和输入端之间加上反馈网络，则可实现各种不同的电路功能，如反馈网络为线性电路时，运算放大器的功能有放大、加、减、微分和积分等；如反馈网络为非线性电路时可实现对数、乘和除等功能；还可组成各种波形发生电路，如正弦波、三角波、脉冲波等波形发生器。

1. 反相比例运算电路

如图 2.7.1 所示，输入信号 u_i 由反相端接入，由"虚短""虚断"的原则可知，该电路的输出电压 u_o 与输入电压 u_i 的比例关系为

$$u_o = -\frac{R_f}{R_1} u_i$$

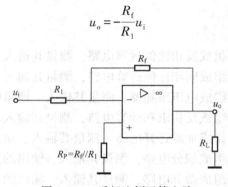

图 2.7.1　反相比例运算电路

负号表示 u_o 与 u_i 反相，因此称为反相比例运算电路。比例系数可以是大于、等于或小于 1 的任何值。

反相比例运算电路的输入、输出电阻：输入电阻 $R_i = R_1$，输出电阻 $R_o \approx 0$。

在选择电路参数时应该考虑：

1）根据比例关系，确定 R_f 与 R_1 的比值。但 R_f 和 R_1 的电阻值不可随意选取。若 R_f 太大，则 R_1 亦大，这样容易引起较大的失调温漂；若 R_f 太小，则 R_1 亦小，输入电阻 R_{if} 也小，可能满足不了高输入阻抗的要求，故一般取 R_f 为几十千欧至几百千欧。若对放大器输入电阻有要求，则可根据输入电阻 $R_i = R_1$，先确定 R_1，再求 R_f。

2）集成运算放大器同相输入端外接电阻 R_P 是平衡电阻，可减小运算放大器偏置电流产生的不良影响，一般取 $R_P = R_1 // R_f$，由于反相比例运算电路属于电压并联负反馈，其输入、输出阻抗均较低。

2. 同相比例运算电路

如图 2.7.2 所示，输入信号 u_i 由同相端接入，由"虚短""虚断"的原则可知，该电路的输出电压 u_o 与输入电压 u_i 的比例关系为

$$u_o = \left(1 + \frac{R_f}{R_1}\right)u_i$$

u_o 与 u_i 同相，因此称为同相比例运算电路。比例系数大于 1。

同相比例运算电路的输入、输出电阻：输入电阻 $R_i = R_1 + R_P + r_{ic}$，输出电阻 $R_o \approx 0$。

其中，r_{ic} 为集成运算放大器同相端对地的共模输入电阻，一般为 10^8 Ω。因此，同相比例运算电路具有输入阻抗非常高、输出阻抗很低的特点，通常广泛应用于前置放大级。

3. 反相加法运算电路

在反相比例运算电路的基础上增加几个输入支路便构成了反相加法运算电路，如图 2.7.3 所示。

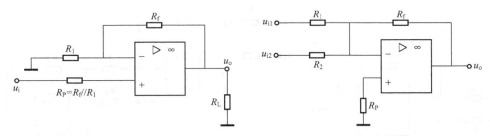

图 2.7.2　同相比例运算电路　　　　图 2.7.3　反相加法运算电路

在理想条件下，由于运放反相输入点为"虚地"，两路输入电压彼此隔离，各自独立地经输入电阻转换为电流，进行代数和运算，即当任一输入 $u_{ik} = 0$ 时，则在其输入电阻 R_k 上没有电压降，故不影响其他信号的比例求和运算。总输出电压为

$$u_o = -\left(\frac{R_f}{R_1}u_{i1} + \frac{R_f}{R_2}u_{i2}\right)$$

若 $R_1 = R_2 = R_f$，则 $u_o = -(u_{i1} + u_{i2})$。

R_f 与 R_1 和 R_2 的取值范围可参考反相比例运算电路的选取范围。同理 $R_P = R_2 // R_1 // R_f$。

4. 加减运算电路

（1）单运放加减运算电路

图 2.7.4 所示是由单个运放构成的加减运算电路，输入信号 u_{i1}、u_{i2} 分别从反相和同相输入端接入。由叠加原理可得，输出电压与各输入电压的关系是

$$u_o = -\frac{R_f}{R_1}u_{i1} + \left(1 + \frac{R_f}{R_1}\right)\left(\frac{R}{R + R_2}\right)u_{i2}$$

当 $R_2 = R_1$，$R = R_f$ 时，则

$$u_o = (u_{i2} - u_{i1})\frac{R_f}{R_1}$$

当 $R_2 = R_1 = R = R_f$ 时，$u_o = u_{i2} - u_{i1}$，实现了减法运算。在电阻值严格匹配下，该电路具有较高的共模抑制能力，常用于将差动输入转换为单端输出，还广泛地用来放大具有强烈共模干扰的微弱信号。

（2）双运放加减运算电路

单运放加减运算电路的结构简单，但是其外电路电阻值不易计算和调整。图 2.7.5 所示的双运放加减运算电路不仅克服了上述缺点，而且由于输入信号均从反相输入端接入，对集成运算放大器本身共模抑制比的要求就大大降低了。因此，在实用电路中，多采用双运放实现加减运算。图 2.7.5 所示的电路中，输出电压与各输入电压的关系是

$$u_o = \frac{R_{f1}R_{f2}}{R_3}\left(\frac{u_{i1}}{R_1} + \frac{u_{i2}}{R_2}\right) - \frac{R_{f2}}{R_4}u_{i3}$$

平衡电阻 $R_{P1} = R_1 // R_2 // R_{f1}$，$R_{P2} = R_3 // R_4 // R_{f2}$。

只要选择合适的电阻值，就可以实现输入信号的加减运算。

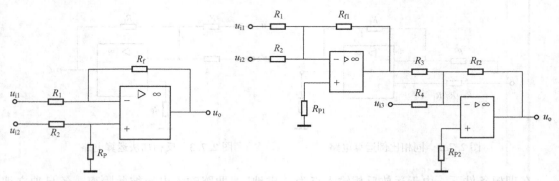

图 2.7.4　单运放加减运算电路　　　　　　图 2.7.5　双运放加减运算电路

5. 积分运算电路

图 2.7.6 所示为实用的积分运算电路。

当运算放大器开环电压增益足够大，且 R_f 开路时，由"虚地"和"虚断"原则可得流过电阻 R 和电容 C 的电流为

$$i = \frac{u_i}{R} = i_C$$

则输出电压与输入电压成积分关系，即

$$u_o = -\frac{1}{C}\int i_C dt = -\frac{1}{RC}\int u_i dt$$

在实用的积分电路中，通常在积分电容两端并联反馈电阻 R_f，用于直流负反馈，其目的是减小集成运算放大器输出端的电流漂移，其阻值必须取得大些，否则电路将变成一阶低通滤波器（见 2.10 节）。同时 R_f 的加入将对电容 C 产生分流作用，从而导致积分误差。为克服误差，一般需满足 $R_fC \gg RC$。C 太小，会加剧积分漂移，但 C 增大，电容漏电流也会随之加大。通常取为使偏置电流引起的失调电压最小，应取 $R_f > 10R_1$，$C < 1\,\mu F$，平衡电阻 $R_P = R // R_f$。

另外有一点需要注意，在实用积分电路中，输出与输入的积分关系仅在输入信号频率 $f > \frac{1}{2\pi R_f C}$ 才成立。若输入信号频率 $f < \frac{1}{2\pi R_f C}$，则电路近似一个反相器。图 2.7.6 所示电路的传递函数为

$$H(j\omega) = \frac{U_o(j\omega)}{U_i(j\omega)} = -\frac{R_f}{R} \cdot \frac{1}{1+j\omega R_f C}$$

当 $\omega \gg \dfrac{1}{R_f C}$ 时，$H(j\omega) \approx -\dfrac{1}{j\omega RC}$（积分器的传递函数）；

当 $\omega \ll \dfrac{1}{R_f C}$ 时，$H(j\omega) = -\dfrac{R_f}{R}$（反相器的传递函数）。

6. 微分运算电路

图 2.7.7 所示为实用的微分运算电路。根据"虚短"和"虚断"的原则，$u_P = u_N = 0$，为"虚地"，电容两端电压 $u_C = u_i$。则输出电压为

$$u_o = -RC \frac{du_i}{dt}$$

输出电压与输入电压的变化率成比例。

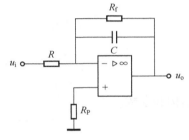
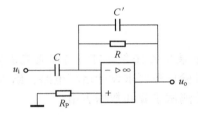

图 2.7.6 实用的积分运算电路　　　图 2.7.7 实用的微分运算电路

2.7.5 实验预习要求

（一）基本实验任务

1. 画出反相比例，同相比例，反相加法、减法，积分、微分运算电路的实验电路图，并标明电路参数，写出五种运算电路的 u_i、u_o 关系表达式。

2. 选取合适的电路参数，采用双运放加减运算电路实现运算表达式：

$$u_o = 12u_{i1} + 6\,u_{i2} - 8u_{i3}$$

要求输入信号全部从反相端输入，设反馈电阻 $R_{f1} = R_{f2} = 120\,\text{k}\Omega$。

（二）扩展实验任务（可另行附页完成）

1. 按实验任务要求设计运算电路，给出电路结构和参数。
2. 设计测试步骤和数据表格。

2.7.6 实验内容及步骤

（一）基本实验内容及步骤

1. 反相比例运算电路

（1）搭建电路与调零

按图 2.7.1 连线，令 $R_1 = 10\,\text{k}\Omega$、$R_P \approx 9.1\,\text{k}\Omega$（用 $10\,\text{k}\Omega$ 代替）、$R_f = 100\,\text{k}\Omega$。将输入端与地短接，用万用表的直流电压档测量集成运算放大器的输出电压。调节集成运算放大器上的调零电位器，使输出电压为零。若调零电位器无法调节，可记录此时的失调电压值。

（2）输出电压的测量

按照表 2.7.1 的要求输入直流电压信号，用万用表的直流电压档测量输入和输出电压，将数据记录在表 2.7.1 中。注意，输出电压的理论估算值应按照输入电压的实测值进行计算。（可任选三组数据测量，要求输入信号有正有负）

表 2.7.1 反相比例运算电路的测量数据

输入电压	参考值/V	-0.4	-0.2	0	0.2	0.4
	实测值/V					
输出电压	理论估算值/V					
	实测值/V					
	相对误差			—		

2. 同相比例运算电路

（1）搭建电路与调零

按图 2.7.2 连线，令 $R_1 = 10\,\mathrm{k\Omega}$、$R_p \approx 9.1\,\mathrm{k\Omega}$（用 $10\,\mathrm{k\Omega}$ 代替）、$R_f = 100\,\mathrm{k\Omega}$。

将输入端与地短接，用万用表的直流电压档测量集成运算放大器的输出电压。调节集成运算放大器上的调零电位器，使输出电压为零。若调零电位器无法调节，可记录此时的失调电压值。

（2）输出电压的测量

按照表 2.7.2 的要求输入直流电压信号，用万用表的直流电压档测量输入和输出电压，将数据记录在表 2.7.2 中。注意，输出电压的理论估算值应按照输入电压的实测值进行计算。（可任选三组数据测量，要求输入信号有正有负）

表 2.7.2　同相比例运算电路的测量数据

输入电压	参考值/V	−0.4	−0.2	0	0.2	0.4
	实测值/V					
输出电压	理论估算值/V					
	实测值/V					
	相对误差			—		

3. 电压跟随器

按图 2.7.8 连线，按照表 2.7.3 的要求输入直流电压信号，用万用表的直流电压档测量输入和输出电压，将数据记录在表 2.7.3 中。

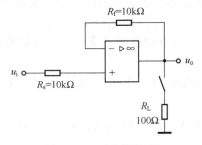

图 2.7.8　电压跟随器

表 2.7.3　电压跟随器的测量数据

输入电压	参考值/V	0.5		1	
	实测值/V				
测试条件		$R_s = 10\,\mathrm{k\Omega}$ $R_f = 10\,\mathrm{k\Omega}$ R_L 开路	$R_s = 10\,\mathrm{k\Omega}$ $R_f = 10\,\mathrm{k\Omega}$ $R_L = 100\,\Omega$	$R_s = 0\,\mathrm{k\Omega}$ $R_f = 0\,\mathrm{k\Omega}$ R_L 开路	$R_s = 0\,\mathrm{k\Omega}$ $R_f = 0\,\mathrm{k\Omega}$ $R_L = 100\,\Omega$
输出电压	理论估算值/V				
	实测值/V				
	相对误差				

4. 反相加法运算电路

（1）搭建电路与调零

按图 2.7.3 连线，令 $R_1 = 10\,\text{k}\Omega$、$R_2 = 5.1\,\text{k}\Omega$、$R_\text{P} = 3.3\,\text{k}\Omega$、$R_\text{f} = 10\,\text{k}\Omega$。将输入端与地短接，用万用表的直流电压档测量集成运算放大器的输出电压。调节集成运算放大器上的调零电位器，使输出电压为零。若调零电位器无法调节，可记录此时的失调电压值。

（2）输出电压的测量

1）输入信号 $u_\text{i1} = 2\,\text{V}$，$u_\text{i2} = -0.5\,\text{V}$，用万用表的直流电压档测量输出电压值，并与理论值比较。

2）若 u_i1 不变，u_i2 为 $f = 500\,\text{Hz}$，幅值为 $0.5\,\text{V}$ 的正弦波信号，用示波器观察 u_o 波形（u_o 输入示波器时用 DC 输入方式）。记录并在同一坐标系中画出输入和输出波形，标明瞬时最大值和最小值。

5. 加减运算电路

（1）单运放加减运算电路

按图 2.7.4 连线，令 $R_1 = 10\,\text{k}\Omega$、$R_2 = 10\,\text{k}\Omega$、$R_\text{P} = 100\,\text{k}\Omega$、$R_\text{f} = 100\,\text{k}\Omega$。输入信号 $u_\text{i1} = 1\,\text{V}$，$u_\text{i2} = 0.5\,\text{V}$，用万用表的直流电压档测量输出电压值，并与理论值比较。

（2）双运放加减运算电路

1）按图 2.7.5 连线，令 $R_1 = 5.1\,\text{k}\Omega$、$R_2 = 100\,\text{k}\Omega$、$R_\text{P1} = 3.3\,\text{k}\Omega$、$R_\text{f1} = 10\,\text{k}\Omega$、$R_3 = 100\,\text{k}\Omega$、$R_4 = 20\,\text{k}\Omega$、$R_\text{P2} = 15\,\text{k}\Omega$、$R_\text{f2} = 100\,\text{k}\Omega$。输入信号 $u_\text{i1} = 0.5\,\text{V}$，$u_\text{i2} = 0.2\,\text{V}$，$u_\text{i3} = 2\,\text{V}$，用万用表的直流电压档测量输出电压值，并与理论值比较。

2）按照设计的电路参数连接如图 2.7.5 的电路图，实现运算关系：

$$u_\text{o} = 12u_\text{i1} + 6u_\text{i2} - 8u_\text{i3}$$

输入信号 $u_\text{i1} = u_\text{i2} = u_\text{i3} = 1\,\text{V}$，用万用表的直流电压档测量输出电压值，并与理论值比较。

6. 积分运算电路

按图 2.7.6 连线，令 $R = 10\,\text{k}\Omega$、$R_\text{f} = 1\,\text{M}\Omega$、$R_\text{P} = 10\,\text{k}\Omega$、$C = 0.1\,\mu\text{F}$。

（1）方波输入

输入方波信号：$250\,\text{Hz}$，$\pm 1\,\text{V}$，用双踪示波器同时观察输入、输出波形。记录波形的周期和幅值。

将 R 和 R_P 由 $10\,\text{k}\Omega$ 换成 $1\,\text{k}\Omega$，再测一遍，将数据填入表 2.7.4 中。

表 2.7.4　积分运算电路的测量数据

条　　件	输入 u_i			输出 u_o		
	波形	周期	幅值	波形	周期	幅值
$R_1 = R_\text{P} = 10\,\text{k}\Omega$	用坐标纸画			用坐标纸画		
$R_1 = R_\text{P} = 1\,\text{k}\Omega$	用坐标纸画			用坐标纸画		

（2）正弦波输入

输入正弦波信号：$f = 250\,\text{Hz}$，$U_\text{ipp} = 2\,\text{V}$，用双踪示波器同时观察输入、输出波形，记录波形，测量输入、输出波形的相位差（相位差的测量方法见 2.1 节）。说明 u_o 超前还是滞后于 u_i。

7. 微分运算电路

按图 2.7.7 连线，令 $R = 10\,\text{k}\Omega$、$R_\text{p} = 10\,\text{k}\Omega$、$C = 0.1\,\mu\text{F}$、$C' = 1000\,\text{pF}$。

（1）正弦输入

输入正弦波信号：$f = 250\,\text{Hz}$，$U_{\text{ipp}} = 2\,\text{V}$，用双踪示波器同时观察输入、输出波形，记录波形，测量输入、输出波形的相位差（相位差的测量方法见 2.1 节）。说明 u_o 超前还是滞后于 u_i。

（2）方波输入

输入方波信号：$f = 250\,\text{Hz}$，$U_{\text{ipp}} = 100\,\text{mV}$，用双踪示波器同时观察输入、输出波形，记录波形，标注输出电压的幅值。

（3）三角波输入

输入三角波信号：$f = 250\,\text{Hz}$，$U_{\text{ipp}} = 2\,\text{V}$，用双踪示波器同时观察输入、输出波形，记录波形，标注输出电压的幅值。将电容 C' 断开，输出会出现什么现象？

（二）扩展实验内容及步骤

1. 根据设计的电路和器件进行电路连线。

2. 选择合适的仪器进行电路测试。

2.7.7　实验注意事项

1. 集成运算放大器的供电电压为 ±15 V，正电源的负极和负电源的正极连接后要与实验电路的接地端相连。

2. 集成运算放大器输出端不能直接接地。

3. 调零时，放大电路的输入端与地短接，信号源的输出端不可接地。

4. 测量时，注意电路与电子仪器的"共地"。

2.8　集成运算放大器的非线性应用（Ⅰ）——电压比较器实验

2.8.1　实验目的

1. 掌握电压比较器的电路构成及特点。

2. 掌握用集成运算放大器构成的各种电压比较器的调试方法，进一步熟悉电压传输特性的测量方法。

3. 进一步熟悉常用电子仪器的使用方法。

4. 了解集成运算放大器的非线性应用及特点。

2.8.2　实验任务

（一）基本实验任务

1. 利用集成运算放大器组成过零电压比较器，测量其输入、输出的关系及电压传输特性。

2. 利用集成运算放大器组成反相滞回电压比较器，测量其输入、输出的关系及电压传输特性。

3. 利用集成运算放大器组成同相滞回电压比较器，测量其输入、输出的关系及电压传输特性。

（二）扩展实验任务

1. 利用集成运算放大器组成基准电压为 2 V 的一般单限电压比较器，测量其输入、输出的关系及电压传输特性。

2. 利用集成运算放大器组成窗口电压比较器，测量其输入、输出的关系及电压传输特性。具体要求：

1）输入信号的幅值小于 5 V 时，输出电压为零。

2）输入信号的幅值大于 5 V 时，输出电压为 5 V。

3）电路的工作频率低于 100 kHz。

2.8.3 基本实验条件

（一）仪器仪表

1. 函数信号发生器	1 台
2. 双踪示波器	1 台
3. 直流稳压电源	1 台
4. 万用表	1 台
5. DC 信号源	1 个

（二）器材器件

1. 定值电阻	若干
2. 集成运算放大器	1 只
3. 二极管	2 只
4. 稳压管	1 只
5. 双向稳压管	1 只

2.8.4 实验原理

电压比较器是对输入信号进行鉴幅与比较的电路，是组成非正弦波发生电路的基本单元电路，在测量和控制中有着相当广泛的应用。常用的电压比较器有过零电压比较器、滞回电压比较器和窗口电压比较器。

1. 过零电压比较器

图 2.8.1a 所示是过零电压比较器原理图，它是一种单限电压比较器。集成运算放大器工作在开环状态，其输出电压为 $+U_{oM}$ 或 $-U_{oM}$。当 $u_i < 0$ 时，$u_o = +U_{oM}$；当 $u_i > 0$ 时，$u_o = -U_{oM}$，其电压传输特性如图 2.8.1b 所示。

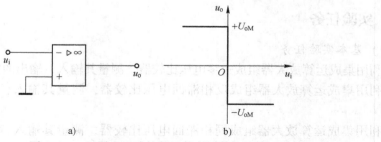

图 2.8.1 过零电压比较器及其电压传输特性

实际中，为保护集成运算放大器，在过零电压比较器电路中会增加相应的保护措施。图 2.8.2a 中 VD_1、VD_2 两个二极管起到对输入级保护的作用，图 2.8.2b、c 是对输出的限幅。

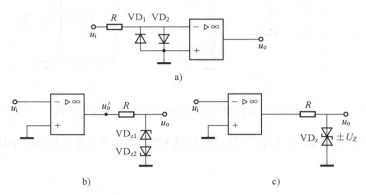

a)

b)   c)

图 2.8.2 具有保护措施的过零电压比较器

若电压比较器的参考电压不是零，而是一个任意的参考电压，则为一般单限电压比较器。图 2.8.3 所示是一个反相输入的一般单限电压比较器及其电压传输特性。

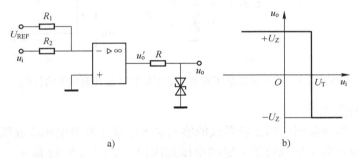

a)   b)

图 2.8.3 一般单限电压比较器及其电压传输特性

图 2.8.3 中，集成运算放大器的反相输入端电压可以表示为

$$u_N = \frac{R_1}{R_1+R_2}U_{REF} + \frac{R_1}{R_1+R_2}u_i$$

令 $u_N = u_P = 0$，可得阈值电压为

$$U_T = -\frac{R_2}{R_1}U_{REF}$$

2. 滞回电压比较器

单限电压比较器虽然电路结构简单、灵敏度高，但其抗干扰能力很差。当 u_i 含有噪声或干扰电压时，u_o 将不断由 $+U_{oM}$ 变为 $-U_{oM}$，导致输出不稳定，这在控制系统中对执行机构是很不利的。滞回电压比较器可以提高抗干扰能力。反相滞回电压比较器及其电压传输特性如图 2.8.4 所示。若输入信号从同相输入端接入，则为同相滞回电压比较器。

其阈值电压为

$$\pm U_T = \pm \frac{R_1}{R_1+R_2}U_Z$$

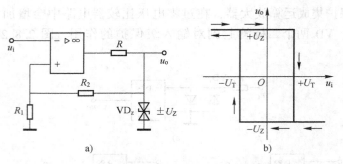

图 2.8.4　反相滞回电压比较器及其电压传输特性

加了参考电压的滞回电压比较器及其电压传输特性如图 2.8.5 所示。阈值电压请读者自行计算。

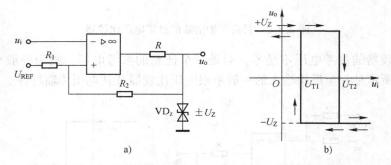

图 2.8.5　具有参考电压的滞回电压比较器及其电压传输特性

3. 窗口电压比较器

单限电压比较器和滞回电压比较器仅能鉴别输入电压比参考电压高或低的情况，窗口电压比较器可鉴别输入电压是否处于一定的电压范围内。如图 2.8.6a 所示，电路有两个阈值电压，当输入电压 u_i 大于 U_{RH} 时，输出电压 $u_o = U_Z$；当输入电压 u_i 小于 U_{RL} 时，输出电压 u_o 仍为 U_Z；当 $U_{RL} < u_i < U_{RH}$ 时，$u_o = 0$，其电压传输特性如图 2.8.6b 所示。

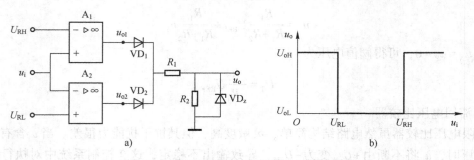

图 2.8.6　窗口电压比较器及其电压传输特性

2.8.5　实验预习要求

（一）基本实验任务

画出过零电压比较器、反相滞回电压比较器、同相滞回电压比较器的实验电路图（要

66

求增加输出限幅的保护），并标明电路参数，计算各电压比较器的阈值电压，画出电压传输特性曲线。

（二）扩展实验任务（可另行附页完成）

1. 按实验任务要求设计电压比较器，给出电路结构和参数，画出电压传输特性曲线。
2. 设计测试步骤。

2.8.6　实验内容及步骤

（一）基本实验内容及步骤

1. 过零电压比较器

按照设计的实验电路图连接电路。建议双向稳压管选择±6 V。

输入信号为 f = 500 Hz、幅值为 1.5 V 的正弦波。用双踪示波器观察输入、输出波形，对应画出它们的波形，再改变输入信号的幅值，观察输出是否发生变化。改变输入信号的频率，观察输出是否发生变化。

将示波器的水平系统设置为"X-Y"方式，将输入信号接到 CH1，输出信号接到 CH2 端，观察和记录电压传输特性曲线。

波形记录：

2. 反相滞回电压比较器

按照设计的实验电路图连接电路。建议双向稳压管选择 2DW7B（稳压值为±6 V）。

（1）输入直流信号

当 U_o = +6 V 左右时，说明 $U_- < U_+$，可加大输入信号，直至使 U_o 由+6 V 负跳变为-6 V（用万用表监测），测量并记录此时的输入电压值。当 U_o = -6 V 时，可逐渐减小输入电压值使 U_o 由-6 V 正跳变为+6 V，测量并记录此时的输入电压值，画出电压传输特性，与理论值

比较。

（2）输入正弦波信号

输入 $f=500\,Hz$ 的正弦波信号，用双踪示波器观察 u_i 及 u_o 的波形，当 u_i 从 0 逐渐加大直到 u_o 出现 $\pm 6\,V$ 的方波。试画出对应的 u_o、u_i 波形。

将示波器的水平系统设置为"X-Y"方式，将输入信号接到 CH1，输出信号接到 CH2 端，观察和记录电压传输特性曲线，注意标注两个阈值电压。

波形记录：

3. 同相滞回电压比较器

按照设计的实验电路图连接电路。建议双向稳压管选择 2DW7B（稳压值为 $\pm 6\,V$）。

采用与反相滞回电压比较器相同的实验方法进行测量，观察和记录电压传输特性曲线，注意标注两个阈值电压。

波形记录：

（二）扩展实验内容及步骤（可另行附页完成）

1. 一般单限电压比较器

按照设计的实验电路图连接电路。建议双向稳压管选择 2DW7B（稳压值为 $\pm 6\,V$）。

建议采用与过零电压比较器相同的实验方法进行测量。观察和记录电压传输特性曲线，注意标注两个阈值电压。

2. 窗口电压比较器

按照设计的实验电路图连接电路。建议双向稳压管选择 2DW7B（稳压值为 $\pm 6\,V$）。

建议采用与滞回电压比较器相同的实验方法进行测量。观察和记录电压传输特性曲线，注意标注两个阈值电压。

2.8.7 实验注意事项

1. 集成运算放大器供电电压为 $\pm 15\,V$，正电源的负极和负电源的正极连接后要与实验电路的接地端相连。

2. 集成运算放大器输出端不能直接接地。

3. 测量时，注意电路与电子仪器的"共地"。

2.9 集成运算放大器的非线性应用（Ⅱ）——波形发生电路实验

2.9.1 实验目的

1. 掌握各种波形发生电路的结构特点、工作原理和各参数对电路性能的影响。
2. 掌握波形发生电路的设计和调试方法。
3. 了解集成运算放大电路的非线性应用。

2.9.2 实验任务

（一）基本实验任务

1. 完成由集成运算放大器组成的正弦波发生电路的组装和调试，观测输出波形，分析电路的振荡条件。

2. 完成由集成运算放大器组成的方波发生电路的组装和调试，观测输出波形，分析各参数对波形的影响。

3. 完成由集成运算放大器组成的方波-三角波发生电路的组装和调试，观测输出波形，分析各参数对波形的影响。

（二）扩展实验任务

1. 按要求设计一个用集成运算放大电路组成的方波-三角波发生电路。指标要求：

1）方波　　频率为 500 Hz，相对误差<±5%；
　　　　　　脉冲幅值为±(6~6.5)V。

2）三角波　频率为 500 Hz，相对误差<±5%；
　　　　　　幅值为 1.5~2 V。

2. 将方波-三角波发生电路进行改进，变成锯齿波发生电路，记录其占空比变化范围。

2.9.3 基本实验条件

（一）仪器仪表

1. 双踪示波器	1台
2. 直流稳压电源	1台
3. 交流毫伏表	1台

（二）器材器件

1. 定值电阻	若干
2. 集成运算放大器	2只
3. 电容器	2只
4. 电位器	3只
5. 二极管	2只
6. 稳压管	1只

2.9.4 实验原理

在工程实践中，广泛使用着各种类型的信号发生器，从波形分类上看，有正弦波信号发生器和非正弦波信号发生器。从电路结构上看，它们是一种不需要外加输入信号而自行产生信号输出的电路。依照自激振荡的工作原理，采取正、负反馈相结合的方法，将一些线性和非线性的元件与集成运算放大器进行不同组合，或进行波形变换，即能灵活地构成各具特色的信号波形发生电路。

1. 正弦波发生电路

图 2.9.1 所示为 RC 桥式正弦波振荡电路。其中 RC 串并选频网络构成正反馈支路，R_1、R_f 构成负反馈支路，电位器 R_w 用于调节负反馈深度以满足起振条件和改善波形，并利用二极管 VD_1、VD_2 正向导通电阻的非线性来自动地调节电路的闭环放大倍数以稳定波形的幅值。即当振荡刚建立时，振幅较小，流过二极管的电流也小，其正向电阻大，负反馈减弱，保证了起振时振幅增大；但当振幅过大时，其正向电阻变小，负反馈加深，保证了振幅的稳定。二极管两端并联电阻 R_0 用于适当削弱二极管的非线性影响以改善波形的失真。

电路振荡频率为

$$f = \frac{1}{2\pi RC}$$

起振的振幅条件为

$$\frac{R_f}{R_1} \geq 2$$

其中，$R_f = R_w + R_0 // r_D$，r_D 为二极管正向导通电阻。

调整电位器 R_w，使电路起振，且波形失真最小。如不能起振，则应适当加大反馈电阻 R_f，如果波形失真严重，则应减小 R_f。

改变选频网络的参数 C 或者 R，即可调节振荡频率。一般采用的方法是改变电容 C 进行频率量程切换，而调节 R 进行量程内频率微调。

2. 方波发生电路

由集成运算放大器组成的方波发生电路如图 2.9.2 所示。由于存在 R_2、R_1 组成的正反馈，故运放的输出只能取 U_{oM} 或 $-U_{oM}$，即电路的输出 u_o 只能取 U_Z 或 $-U_Z$，u_o 极性的正负决定着电容 C 上是充电或放电。输出电压幅值由双向稳压管限幅所决定，并保证了输出方波正负幅值的对称性，R_3 为稳压管的限流电阻。由 u_P、u_N 比较的结果可决定输出电压 u_o 的取值，即 $u_P > u_N$ 时，$u_o = U_Z$；$u_P < u_N$ 时，$u_o = -U_Z$。这样周而复始地比较，便在输出端产生方波。由分析知，该方波的周期为

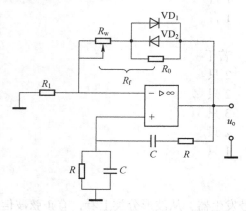

图 2.9.1 正弦波发生电路

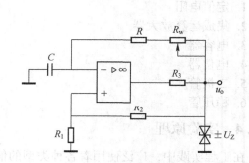

图 2.9.2 方波发生电路

$$T = 2R_f C \ln\left(1 + \frac{2R_1}{R_2}\right)$$

频率 $f = \frac{1}{T}$。可见，方波频率不仅与负反馈回路 $R_f C$ 有关，还与正反馈回路 R_1、R_2 的比值有关，调节 R_w 即可调整方波信号的频率。

3. 三角波发生电路

将一方波信号接至积分器的输入端，则可从积分电路的输出端获得三角波。通常，会将方波发生电路的 RC 回路与积分电路合二为一，如图 2.9.3 所示。

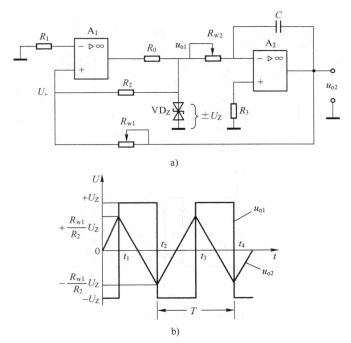

图 2.9.3 三角波发生电路

图中 A_1 构成一个滞回电压比较器，其反相端经 R_1 接地，同相端电位 u_P 由 u_{o1} 和 u_{o2} 共同决定，即

$$u_P = u_{o1}\frac{R_{w1}}{R_2 + R_{w1}} + u_{o2}\frac{R_2}{R_2 + R_{w1}}$$

当 $u_P > 0$ 时，$u_{o1} = +U_Z$；当 $u_P < 0$ 时，$u_{o1} = -U_Z$。

A_2 构成反相积分器。假设电源接通时，$u_{o1} = -U_Z$，u_{o2} 线性增加，当 $u_{o2} = \frac{R_{w1}}{R_2}U_Z$ 时，

$$u_P = -U_Z\frac{R_{w1}}{R_2 + R_{w1}} + \frac{R_{w1}}{R_2}\frac{R_2}{R_2 + R_{w1}}U_Z = 0$$

A_1 的输出翻转，$u_{o1} = +U_Z$。同样，当 $u_{o2} = -\frac{R_{w1}}{R_2}U_Z$ 时，$u_{o1} = -U_Z$，这样不断反复，便可得到方波 u_{o1} 和三角波 u_{o2}。其三角波的峰值和周期为

$$U_{o2m} = \frac{R_{w1}}{R_2} U_Z \qquad T = 4\frac{R_{w1}}{R_2} R_{w2} C$$

可见调节 R_{w1}、R_{w2}、R_2、C 均可改变振荡频率，本实验电路通过调整 R_{w1} 改变三角波的幅值，调整 R_{w2} 改变积分到一定的电压所需的时间，即改变周期。

4. 锯齿波发生电路

在三角波发生器电路的基础上，于 R_{w2} 两端并联一个二极管 VD 与电阻 R_4 的串联支路，使正、反两个方向的积分时间常数不等，便可组成锯齿波发生器。常见的电路及波形如图 2.9.4 所示。

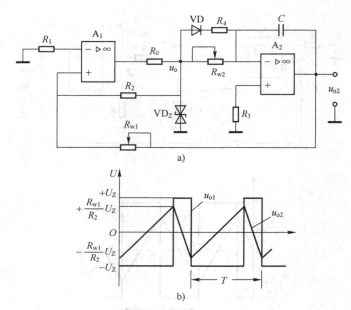

图 2.9.4   锯齿波发生电路

该电路的基本原理和分析方法与图 2.9.3 基本相同。其区别在于当 u_{o1} 为负时，二极管 VD 不导通，A_2 正方向积分时间常数为 $R_{w2}C$，当 u_{o1} 为正时，VD 导通，A_2 反方向积分时间常数为 $(R_4 /\!/ R_{w2})C$，即正方向积分时间常数大，u_{o2} 上升慢，形成锯齿波正程，反方向积分时间常数小，u_{o2} 下降快，形成锯齿波回程。可见在运放 A_2 的输出端取得锯齿波 u_{o2}。

由于运放组成的锯齿波发生器所产生的锯齿波具有很高的线性度，是一般恒流源充电电路所不能及的，故在工程设计中得到广泛应用。

2.9.5 实验预习要求

（一）基本实验任务

复习正弦波发生电路、方波发生电路和三角波发生电路的工作原理，回答下列问题：

1）为什么 RC 桥式正弦波振荡电路要引入负反馈？二极管 VD_1、VD_2 的作用是什么，说明它们的工作原理。

2）按照实验参数，计算正弦波发生电路、方波发生电路和三角波发生电路的振荡频率和输出幅值。

3）怎样测量非正弦波电压的幅值？

（二）扩展实验任务（可另行附页完成）

1. 按实验任务要求设计电路，给出电路结构和参数。

2. 设计测试步骤和数据表格。

2.9.6 实验内容及步骤

（一）基本实验内容及步骤

1. 正弦波发生电路

（1）搭建电路

按图 2.9.1 连线，令 $R_1 = 24\,\text{k}\Omega$、$R_w = 100\,\text{k}\Omega$、$R_f = 5.1\,\text{k}\Omega$、$R = 15\,\text{k}\Omega$、$C = 0.01\,\mu\text{F}$。

（2）输出波形观测

接通电源，用示波器观察输出波形。适当调节电位器 R_w，使电路产生振荡，输出为稳定的最大不失真正弦波。记录波形，测量其频率。调节电位器 R_w，观察正弦波振荡停振或波形幅值逐渐增大直至波形失真的变化过程，用交流毫伏表测量波形不失真时的最小和最大输出电压值。

（3）振荡平衡条件验证

在输出为最大不失真的正弦波情况下，用交流毫伏表测量输出电压，并计算反馈系数。分析起振条件是如何满足的。

2. 方波发生电路

（1）搭建电路

按图 2.9.2 连线，令 $R = R_1 = R_2 = 10\,\text{k}\Omega$、$R_3 = 1\,\text{k}\Omega$、$R_w = 100\,\text{k}\Omega$、$C = 0.1\,\mu\text{F}$。双向稳压管选 2DW7B（稳压值为 ±6 V）。

（2）输出波形观测

接通电源，用示波器观察输出波形。记录波形，测量其输出幅值及频率。

适当调节电位器 R_w，观察波形频率变化规律，分别测量 R_w 最大和最小时所对应的频率，记录在表 2.9.1 中，并与理论值比较。

表 2.9.1 方波发生电路的测量数据

R_w	f	
	测量值	理论值
最大值		
最小值		

3. 三角波发生电路

（1）搭建电路

按图 2.9.3 连线，令 $R_1 = R_3 = 10\,\mathrm{k\Omega}$、$R_2 = 20\,\mathrm{k\Omega}$、$R_0 = 1\,\mathrm{k\Omega}$、$R_{w1} = R_{w2} = 20\,\mathrm{k\Omega}$、$C = 22\,\mathrm{nF}$。双向稳压管选 2DW7B（稳压值为 $\pm6\,\mathrm{V}$）。

（2）输出波形观测

接通电源，用示波器观察输出波形。记录波形，测量其输出幅值及频率。

适当调节电位器 R_w，观察波形频率变化规律，分别测量 R_w 最大和最小时所对应的频率，记录在表 2.9.2 中，并与理论值比较。

表 2.9.2　三角波发生电路的测量数据

R_w	f	
	测量值	理论值
最大值		
最小值		

（二）扩展实验内容及步骤

1. 根据设计的电路和器件进行电路连线。
2. 选择合适的仪器进行电路测试。

2.9.7　实验注意事项

1. 集成运算放大器供电电压为 $\pm15\,\mathrm{V}$，正电源的负极和负电源的正极连接后要与实验电路的接地端相连。
2. 集成运算放大器输出端不能直接接地。
3. 调零时，放大电路的输入端与地短接，信号源的输出端不可接地。
4. 测量时，注意电路与电子仪器的"共地"。

2.10　*RC* 有源滤波电路实验

2.10.1　实验目的

1. 掌握由集成运算放大器组成的 *RC* 有源滤波电路的工作原理。
2. 掌握 *RC* 有源滤波电路的工程设计方法。
3. 掌握滤波电路基本参数的测量方法。

2.10.2　实验任务

（一）基本实验任务

1. 完成由集成运算放大器组成的二阶有源低通滤波电路的组装和调试，观测输入、输出波形，测量幅频特性曲线，分析有源低通滤波电路的工作特点。
2. 完成由集成运算放大器组成的二阶有源高通滤波电路的组装和调试，观测输入、输出波形，测量幅频特性曲线，分析有源高通滤波电路的工作特点。

（二）扩展实验任务

1. 完成由集成运算放大器组成的二阶有源带通滤波电路的组装和调试，观测输入、输出波形，测量幅频特性曲线，分析有源带通滤波电路的工作特点。

2. 完成由集成运算放大器组成的二阶有源带阻滤波电路的组装和调试，观测输入、输出波形，测量幅频特性曲线，分析有源带阻滤波电路的工作特点。

3. 设计电路，将 1 kHz 的方波信号分别转换为基波和三次谐波。

2.10.3　基本实验条件

（一）仪器仪表

1. 双踪示波器	1 台
2. 直流稳压电源	1 台
3. 交流毫伏表	1 台
4. 函数信号发生器	1 台

（二）器材器件

1. 定值电阻	若干
2. 集成运算放大器	2 只
3. 电容器	若干
4. 电位器	若干

2.10.4　实验原理

一般的电子系统中，输入信号往往包含有一些不需要的信号成分，必须设法将这些信号成分衰减到足够小的程度，或者把有用的信号提取出来。这些工作可由滤波电路来完成。

滤波电路是一种能使有用频率信号通过，同时抑制或衰减无用频率信号的电子装置，可以用在信息处理、数据传输、抑制干扰等方面。根据对频率的范围选择不同，可以分为低通、高通、带通和带阻四种滤波电路。本实验是由运放和 R、C 等组成的有源模拟滤波电路。由于集成运放的带宽有限，目前有源滤波电路的最高工作频率只能达到 1 MHz 左右。

1. 滤波电路的传递函数和性能参数

滤波电路的输出与输入之比定义为滤波电路的增益或电压传递函数，可以表示为

$$A_u(j\omega) = \frac{\dot{U}_o}{\dot{U}_i} = A_u(\omega) e^{j\varphi(\omega)}$$

具有理想幅频特性的滤波电路很难实现，只能用实际滤波电路的幅频特性去逼近理想的。常用的逼近方法是巴特沃斯最平坦响应和切比雪夫响应等。在不允许通带内有纹波的应用中，采用巴特沃斯比较好。如果给定阶数 n 和通带内允许有偏差，采用切比雪夫响应要好些。一般来说，滤波电路的幅频特性好，它的相频特性就要差，反之亦然。滤波电路的阶数越高，幅频特性衰减就越快，滤波电路越接近理想特性，但是 RC 阶数越多，元件参数计算越复杂，调试电路越困难。因为任何高阶滤波电路均可用较低阶的滤波电路连接实现，本实验主要研究二阶有源滤波电路。

2. 二阶有源低通滤波电路

图 2.10.1 所示是简单的二阶有源低通滤波电路。

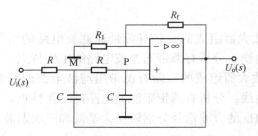

图 2.10.1 二阶有源低通滤波电路

集成运算放大器为同相输入接法，因此，该滤波电路输入电阻高，输出电阻低，滤波电路相当于一个电压源，所以这种电路为电压控制电压源电路。该电路的优点是电路稳定，增益好调节。

其幅频响应表达式为

$$A_0 = A_{uf} = 1 + \frac{R_f}{R_1}$$

（1）传递函数

考虑到集成运放的同相输入端电压为 $U_P(s) = \dfrac{U_o(s)}{A_{uf}}$

而 $U_P(s)$ 与 $U_M(s)$ 的关系为 $U_P(s) = \dfrac{U_M(s)}{1+sRC}$

对于节点 M，应用 KCL 可得

$$\frac{U_i(s) - U_M(s)}{R} - [U_M(s) - U_o(s)]sC - \frac{U_M(s) - U_P(s)}{R} = 0$$

由此，可得二阶有源低通滤波电路的传递函数为

$$A(s) = \frac{U_o(s)}{U_i(s)} = \frac{A_{uf}}{1 + (3 - A_{uf})sCR + (sCR)^2}$$

令 $\omega_n = \dfrac{1}{RC}$，$Q = \dfrac{1}{3 - A_{uf}}$（等效品质因数），则有

$$A(s) = \frac{A_{uf}\omega_n^2}{s^2 + \dfrac{\omega_n}{Q}s + \omega_n^2} = \frac{A_o\omega_n^2}{s^2 + \dfrac{\omega_n}{Q}s + \omega_n^2}$$

上式中的特征角频率 $\omega_n = \dfrac{1}{RC}$ 就是 3 dB 截止角频率。因此，上限截止频率为

$$f_H = \frac{1}{2\pi RC}$$

只有当 $A_o = A_{uf} < 3$ 时，电路才能稳定工作。否则，$A(s)$ 将有极点处于右半 s 平面或虚轴上，电路将产生自激振荡。

（2）幅频响应

令上面式中的 $s = j\omega$，可得幅频响应表达式为

$$20\lg\left|\frac{A(\mathrm{j}\omega)}{A_{\mathrm{o}}}\right|=20\lg\frac{1}{\sqrt{\left[1-\left(\frac{\omega}{\omega_{\mathrm{n}}}\right)^{2}\right]^{2}+\left(\frac{\omega}{\omega_{\mathrm{n}}Q}\right)^{2}}}$$

上式表明，当 $\omega=0$ 时，$|A(\mathrm{j}\omega)|=A_{\mathrm{uf}}=A_{\mathrm{o}}$；当 $\omega\to\infty$ 时，$|A(\mathrm{j}\omega)|\to0$。显然，这是低通滤波电路的特性。画出不同 Q 值下的幅频响应，如图 2.10.2 所示。

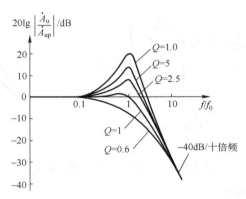

图 2.10.2　不同 Q 值下二阶有源低通滤波电路的幅频响应曲线

由图 2.10.2 可见，当 $Q=0.707$ 时，幅频响应较平坦，而当 $Q<0.707$ 时，将出现峰值，当 $Q=0.707$ 时和 $\omega=\omega_{\mathrm{n}}$ 情况下，$20\lg\left|\frac{A(\mathrm{j}\omega)}{A_{\mathrm{o}}}\right|=3\,\mathrm{dB}$，当 $\omega=10\omega_{\mathrm{n}}$ 时，$20\lg\left|\frac{A(\mathrm{j}\omega)}{A_{\mathrm{o}}}\right|=-40\,\mathrm{dB}$。这表明二阶比一阶低通滤波电路的滤波效果好得多。当 $Q=0.707$ 时，这种滤波电路称为巴特沃斯滤波电路。

3. 二阶有源高通滤波电路

如果将二阶有源低通滤波电路中的 R 和 C 的位置互换，就可得到二阶有源高通滤波电路，如图 2.10.3 所示。

由于二阶高通滤波电路与二阶低通滤波电路结构上存在对偶关系，它们的传递函数和幅频响应也存在对偶关系。截止频率与二阶低通滤波的相同。

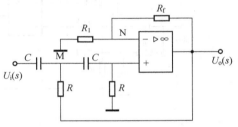

图 2.10.3　二阶有源高通滤波电路

传递函数：

$$A(s)=\frac{A_{\mathrm{uf}}s^{2}}{s^{2}+\dfrac{\omega_{\mathrm{n}}}{Q}s+\omega^{2}}=\frac{A_{\mathrm{o}}s^{2}}{s^{2}+\dfrac{\omega_{\mathrm{n}}}{Q}s+\omega^{2}}$$

幅频响应特性方程：

$$20\lg\left|\frac{A(\mathrm{j}\omega)}{A_{\mathrm{o}}}\right|=20\lg\frac{1}{\sqrt{\left[\left(\frac{\omega_{\mathrm{n}}}{\omega}\right)^{2}-1\right]^{2}+\left(\frac{\omega_{\mathrm{n}}}{Q\omega}\right)^{2}}}$$

4. 二阶有源带通滤波电路

带通滤波电路的作用是只允许在一个频率范围内的信号通过，而比通频带下限频率低和比上限频率高的信号都被阻断。

将二阶有源低通滤波电路中的其中一级改成高通即为典型的带通滤波电路，如图 2.10.4a 所示，图 2.10.4b 是其幅频特性。

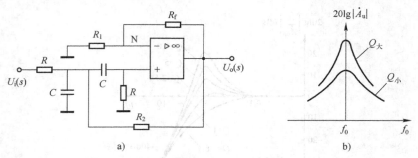

图 2.10.4 二阶有源带通滤波电路

5. 二阶有源带阻滤波电路

带阻滤波电路的性能与带通滤波电路相反，即在规定的频带内，信号不能通过（或受到很大的衰减），而在其余频率范围内，信号则能顺利通过。二阶有源带阻滤波电路及其幅频特性如图 2.10.5 所示。

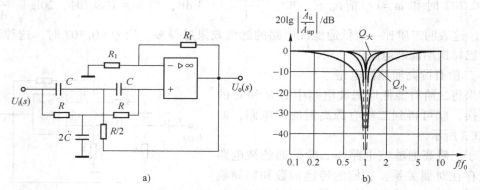

图 2.10.5 二阶有源带阻滤波电路

2.10.5 实验预习要求

（一）基本实验任务

复习有关滤波电路的内容，回答下列问题：

1）如何区别低通滤波电路的一阶电路和二阶电路？它们的幅频特性曲线有区别吗？

2）按照实验参数，计算二阶有源低通滤波电路、二阶有源高通滤波电路的截止频率和品质因数。

（二）扩展实验任务（可另行附页完成）

1. 按照实验参数，计算二阶有源带通滤波电路和二阶有源带阻滤波电路的中心频率和品质因数，自拟数据表格。

2. 按实验任务要求设计电路，给出电路结构和参数，并设计测试步骤和数据表格。

2.10.6 实验内容及步骤

（一）基本实验内容及步骤

1. 二阶有源低通滤波电路

（1）搭建电路

按图 2.10.1 连线，令 $R = 47\,\text{k}\Omega$、$R_1 = R_f = 10\,\text{k}\Omega$、$C = 0.01\,\mu\text{F}$。

（2）输出波形观测

接入有效值为 1 V 的正弦波信号，并保持幅值不变，改变输入信号的频率，用示波器观察输出波形。测量相应频率时的输出电压值，即每改变一次频率，测量一次输出电压，记入表 2.10.1 中，画出幅频特性曲线。记录截止频率，计算品质因数。

表 2.10.1 二阶有源低通滤波电路幅频特性的测试数据记录

f/Hz							
U_o/V							
$20\lg\lvert U_o/U_i \rvert$							

注意：在特征频率附近调信号频率，使输出 $U_o = 0.707U_i$，当电压 $U_o = 0.707U_i$ 时，频率低于 f_o，应调节 RC 参数，减小 R 或减小 C，若保证 Q 不变，两个滤波电容须同时调节，直到达到设计指标为止。

绘制幅频特性曲线时，频率的对数为横坐标，电压增益的分贝数为纵坐标。

2. 二阶有源高通滤波电路

（1）搭建电路

按图 2.10.3 连线，令 $R = 47\,\text{k}\Omega$、$R_1 = R_f = 10\,\text{k}\Omega$、$C = 0.01\,\mu\text{F}$。

（2）输出波形观测

采用与二阶有源低通滤波电路相同的方法，测量数据记于表 2.10.2 中，画出幅频特性曲线。记录截止频率，计算品质因数。

绘制幅频特性曲线时，建议在同一坐标系上分别绘出二阶有源低通和高通滤波电路的幅频特性曲线，并说明其对偶关系。

表 2.10.2 二阶有源高通滤波电路幅频特性的测试数据记录

f/Hz							
U_o/V							
$20\lg\lvert U_o/U_i \rvert$							

（二）扩展实验内容及步骤

1. 按照二阶有源低通、高通滤波电路的实验方法完成二阶有源带通、带阻滤波电路的测试。图 2.10.4a 中，令 $R = 47\,\text{k}\Omega$、$R_1 = R_2 = R_f = 10\,\text{k}\Omega$、$C = 0.01\,\mu\text{F}$。图 2.10.5a 中，令 $R =$

$47 \, \text{k}\Omega$、$R_1 = R_f = 10 \, \text{k}\Omega$、$C = 0.01 \, \mu\text{F}$。

2. 根据设计电路和器件进行电路连线，选择合适的仪器进行电路测试。

2.10.7 实验注意事项

1. 集成运算放大器供电电压为 $\pm 15 \, \text{V}$，正电源的负极和负电源的正极连接后要与实验电路的接地端相连。

2. 集成运算放大器输出端不能直接接地。

3. 调零时，放大电路的输入端与地短接，信号源的输出端不可接地。

4. 测量时，注意电路与电子仪器的"共地"。

2.11 直流稳压电源——集成稳压器实验

2.11.1 实验目的

1. 理解单相半波整流电路和单相桥式整流电路的工作原理。

2. 理解电容滤波电路和 π 形 RC 滤波电路的工作原理及外特性。

3. 学习三端集成稳压芯片的使用方法。

2.11.2 实验任务

（一）基本实验任务

1. 选择二极管组成整流电路，测试单相半波整流电路和单相桥式整流电路的功能。

2. 测量不同容量的电容滤波电路的输出波形和外特性，分析电容滤波性能。

3. 测量 π 形 RC 滤波电路的输出波形，分析其滤波性能。

4. 用三端集成稳压芯片组成稳压电路，测量其外特性。

（二）扩展实验任务

设计一个能够给 $300 \, \Omega$ 电阻负载提供 $6 \, \text{V}$ 电压源的直流线性稳压电源。要求输出电压可调。

2.11.3 基本实验条件

（一）仪器仪表

1. 双踪示波器	1台
2. 直流稳压电源	1台
3. 万用表	1台
4. 函数信号发生器	1台

（二）器材器件

1. 定值电阻	若干
2. 集成运算放大器	1只
3. 二极管	4只
4. 电容器	若干

5. 三端集成稳压芯片　　　　　　　　　　　　1 块
6. 变压器　　　　　　　　　　　　　　　　　1 台

2.11.4　实验原理

将交流电变换为稳定的直流电，且调整管始终工作在线性区的电路称为直流线性稳压电源，其结构框图如 2.11.1 所示。

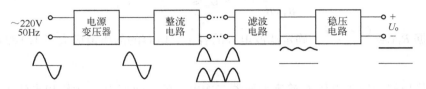

图 2.11.1　直流线性稳压电源的原理框图

各组成部分的作用如下。

电源变压器：将输入的 220 V（50 Hz）交流电压变换为整流电路适用的交流电压。同时还起到了将强、弱电隔离的作用，所以该变压器又称隔离变压器。

整流电路：利用二极管的单向导电性，将交流电变成单向脉动的直流电。整流电路的输出电压与变压器二次电压之间的关系如下：

单相半波整流　　$U_o = 0.45 U_2$

单相桥式整流　　$U_o = 0.9 U_2$

滤波电路：滤波电路用来降低脉动电压的交流成分。常用的滤波电路有电容滤波、电感滤波和 π 形滤波。电容滤波电路简单，滤波效果好，是一种应用最为广泛的滤波电路。采用电容滤波时，其输出电压与变压器二次电压之间的关系如下：

单相半波整流电容滤波　　$U_o = U_2$

单相全波整流电容滤波　　$U_o = 1.2 U_2$

空载时　　　　　　　　　$U_o = 1.414\ U_2$

滤波电容的容量应满足　　$R_L C \geqslant \dfrac{(3\sim5) T}{2}$

其中，R_L 为整流滤波电路的负载电阻；T 是 50 Hz 正弦交流电的周期。考虑到电网电压的波动范围为 ±10%，电容的耐压值应大于 $1.1\sqrt{2} U_2$。滤波电容越大，输出波形脉动程度越小，输出电压越大，滤波效果越好。但电容滤波的外特性较差，因为当容量 C 一定时，负载电阻 R_L 减小，导致时间常数减小，输出电压平均值 U_o 随之下降。

稳压电路：整流滤波后，电路的输出电压不够稳定，会随着电源电压的波动或负载的变化而变化。再加一级稳压电路，可以使负载上的直流电压稳定不变。常用的稳压电路有稳压管稳压电路、串联稳压电路和集成稳压电路。三端集成稳压芯片使用简单，稳压效果好，例如，W7800 系列（输出正电压）和 W7900 系列（输出负电压）。型号最后两位数字"xx"为输出电压稳定值，有 5 V、6 V、9 V、12 V、15 V、18 V、24 V 等值。固定稳压器使用时要求输入电压与输出电压差值 $U_i - U_o \geqslant 2$ V。可调式三端集成稳压器有输出正电压的 CW317（LM317）系列和输出负电压的 CW337（LM337）系列。可调稳压器输出电压的可调电压范围 $U_o = 1.2 \sim 37$ V，最大输出电流 $I_{omax} = 1.5$ A，输入电压与输出电压差允许范围 $U_i - U_o = 3 \sim$

40 V。

直流线性稳压电源的设计步骤如下：

1）根据稳压电源的输出电压 U_o、输出电流 I_o，确定所选用集成稳压器的型号及电路形式。查阅芯片说明书，并参考其典型应用中的电路及参数。例如图 2.11.2，输出电压的调整范围为

$$\frac{R_1+R_2+R_3}{R_1+R_2}U_o' \leqslant U_o \leqslant \frac{R_1+R_2+R_3}{R_1}U_o'$$

2）根据 $R_L C \geqslant \dfrac{(3\sim5)T}{2}$，确定滤波电容的容量。电容的耐压值应大于 $1.1\sqrt{2}\,U_2$。选择合适的电容。

3）由稳压器的输入电压 U_i 确定变压器二次电压的有效值 U_2。由输出电流 I_o 确定流过二极管的正向平均电流 I_D、整流二极管的最大反向电压 U_{RM}，根据参数选择二极管。

4）根据变压器的二次电压 U_2、二次电流 I_2，确定变压器的输出功率 $P_o = U_2 I_2$，并考虑电网电压波动情况，选择合适的电源变压器。

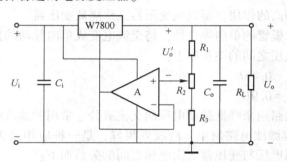

图 2.11.2　集成稳压芯片典型应用电路

需要注意的是，每一个环节都需要留有充分的裕量。

2.11.5　实验预习要求

（一）基本实验任务

1. 参考图 2.11.3，简述单相桥式整流电路的工作原理。

2. 参考图 2.11.4，简述 π 形 RC 滤波电路的工作原理。

3. 查阅 W7805 芯片说明书，简述该三端集成稳压芯片的使用方法。

4. 如图 2.11.3 所示，在单相桥式整流电路中，若出现下列现象，试分析产生的结果。

1）VD_3 断开。

2）VD_3 被击穿短路。

3）VD_3 极性接反。

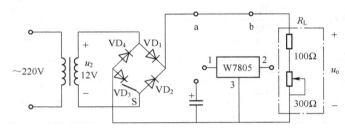

图 2.11.3 整流、滤波、稳压电路

（二）扩展实验任务（可另行附页完成）

按实验任务要求设计电路，给出电路结构和参数，并设计测试步骤和数据表格。

2.11.6 实验内容及步骤

（一）基本实验内容及步骤

1. 单相半波整流、滤波电路

1）按图 2.11.3 接线，推荐变压器二次电压 $U_2 = 12\,\text{V}$，a 点与 b 点之间用导线直连，将开关 S 断开，即为单相半波整流电路。用万用表直流电压档测量带载电压和空载电压，用示波器观察输出电压波形，数据记录于表 2.11.1 中。

2）按图 2.11.3 接线，a 点与 b 点之间用导线直连，a 点处分别接入不同容量的电解电容（注意极性），则构成单相半波整流滤波电路，测量输出电压数值与波形，记于表 2.11.1 中，并分析其滤波性能。

3）参考图 2.11.4，组成单相半波整流 π 形 RC 滤波电路。滤波电阻 R 上会产生直流电压降，建议取值不大于 $100\,\Omega$。测量输出电压数值与波形，记录于表 2.11.1 中，并分析其滤波性能。

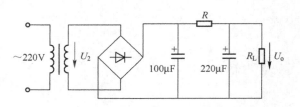

图 2.11.4　π 形滤波电路

表 2.11.1　整流滤波电路测试

输出电压			无滤波	电容滤波			π 形滤波
				10 μF	100 μF	220 μF	
半波整流	带载 U_0	测量值					
		波形图					
	空载 U_0						
桥式整流	带载 U_0	测量值					
		波形图					
	空载 U_0						

2. 单相桥式整流、滤波电路

将图 2.11.3 所示电路中的 S 闭合，此时电路为单相桥式整流电路。步骤同上，完成表 2.11.1。

3. 测量电容滤波电路外特性

将电路接成全波整流，100 μF 电容滤波。改变负载电阻 R_L 的数值，按照表 2.11.2 中的参数，测量输出电压，记录数据并绘制外特性曲线。

表 2.11.2　电容滤波电路外特性

输出电流/mA	0	60	80	100
输出电压/V				

4. 测量集成稳压电路外特性

如图 2.11.3 所示，将电路接成全波整流，100 μF 电容滤波，集成稳压芯片 W7805 的 "1" 脚与 "a" 点相连，"2" 脚与 "b" 点相连。改变负载电阻 R_L，按照表 2.11.3 中的参数，测量输出电压，记录数据并绘制外特性曲线。

表 2.11.3　稳压电路外特性

输出电流/mA	0	40	60	80	100
输出电压/V					

（二）扩展实验内容及步骤

1. 根据 300 Ω 电阻负载提供 6 V 电压源要求，计算输出电压和输出电流范围，选择合适的电路结构，设计电路，选择器件参数。

2. 用仿真软件调试电路，调整参数，直至电路性能符合要求。

3. 硬件搭建与调试，选择合适的仪器，采用正确的方法测试电路性能，并记录数据，绘制外特性曲线。

2.11.7　实验注意事项

1. 变压器二次电压 U_2 为交流电压有效值，可用万用表交流电压档测量；输出电压 U_o 为平均值，用万用表直流电压档测量。

2. 观察不同滤波电路的输出波形时，应固定垂直灵敏度旋钮 V/DIV。

3. 在将二极管接入电路之前，一定要测量并判断其好坏和极性。

4. 避免将滤波电容的极性接反。

5. 勿将三端集成稳压器的引脚接错。

6. 对要求加散热装置的器件，要按照要求加装散热装置。

7. 使用时切勿超载。

第3章　模拟电子技术综合设计实验

综合设计实验一般是给出一个设计任务或实验题目，规定指标和参数，要求自主设计和实现实验方案，并达到任务书所要求的指标和参数。

综合设计实验的目的是站在一个新的、更高的台阶上，审视和考虑问题，通过若干综合型、设计型、应用型实验，开阔思路，综合、系统地应用已学到的知识，了解电子系统设计的方法、步骤、思路和程序，进一步提高独立解决实际问题的能力。运用已基本掌握的具有不同功能的单元电路的设计、安装和调试方法，在单元电路设计的基础上，设计出具有各种不同用途和一定工程意义的电子电路。深化所学理论知识，培养综合运用能力，增强独立分析与解决问题的能力，培养严肃认真的工作作风和科学态度，为以后从事电子电路设计和研制电子产品打下初步基础。

3.1　综合设计实验方法与示例

3.1.1　综合设计实验的方法与步骤

1. 明确系统的设计任务要求

对系统的设计任务进行具体分析，仔细研究题目，反复阅读任务书，明确设计和实验要求，充分理解题目的要求、每项指标的含义，这是完成综合设计和实验的前提。如果没有搞清题目的要求和出题者的意图，就会浪费许多时间和精力而达不到实验的目的。

2. 总体方案确定

方案选择的重要任务是针对系统提出的任务、要求和条件，查阅资料，广开思路，提出尽量多的不同方案，仔细分析每个方案的可行性和优缺点，加以比较，从中选取合适的方案。电子系统总体方案的选择，将直接决定电子系统设计的质量。因此，在进行总体方案设计时，要多思考、多分析、多比较。要从性能稳定性、工作可靠性、电路结构、成本、功耗、调试维修等方面，选出最佳方案。在选择过程中，常用框图表示各种方案的基本原理。框图一般不必画得太详细，只要说明基本原理就可以了。

一旦方案选定，就着手构筑总体框图，将系统分解成若干个模块，明确每个模块的大体内容和任务、各模块之间的连接关系以及信号在各模块之间的流向等。总体方案与框图十分重要，可以先构建总体方案与框图，再将总体指标分配给各个模块，指挥与协调各模块的工作，以完成总体项目。完整的总体框图能够清晰地表示系统的工作原理、各单元电路的功能、信号的流向及各单元电路间的关系。

3. 单元电路设计

各模块任务与指标确定后，就可以设计模块中的单元电路了，包括具体电路的形式、电路元器件的选择、参数的计算等。这一阶段可以充分检验基础理论知识和工程实践能力，能否将多门课程的知识综合、灵活地应用，对单元电路的原理和功能是否真正理解透彻，能否将各种单元电路巧妙地组合成一个系统来完成某一任务等。

每个单元电路设计前都需明确本单元电路的任务，详细拟定出单元电路的性能指标。注意各单元电路之间的相互配合和前后级之间的关系，尽量简化电路结构。注意各部分输入信号、输出信号和控制信号的关系。注意前后级单元之间信号的传递方式和匹配，并应使各单元电路的供电电源尽可能地统一，以便使整个电子系统简单可靠。选择单元电路的组成形式，可以模仿成熟的先进的电路，也可以进行创新或改进，但都必须保证性能要求。必要时，还应该参阅一些课外资料，以补充课本知识的不足。

（1）参数计算

在进行电子电路设计时，应根据电路的性能指标要求决定电路元器件的参数。例如，根据电压放大倍数的大小，可决定反馈电阻的取值；根据振荡器要求的振荡频率，利用公式可算出决定振荡频率的电阻和电容数值等。但一般满足电路性能指标要求的理论参数值不是唯一的，设计者应根据元器件性能、价格、体积、通用性和货源等方面灵活选择。计算电路参数时应理解电路的工作原理，正确利用计算公式，以满足设计要求。注意以下几点：

1）在计算元器件工作电流、电压和功率等参数时，应考虑工作条件最不利的情况，并留有适当的余量。

2）对于元器件的极限参数必须留有足够的余量，一般取 $1.5 \sim 2$ 倍的额定值。

3）对于电阻、电容参数的取值，应选计算值附近的标称值。电阻值一般在 $1 \text{ M}\Omega$ 内选择；非电解电容一般在 $100 \text{ pF} \sim 0.47 \text{ F}$ 之间选择；电解电容一般在 $1 \sim 2000 \text{ μF}$ 之间选用。

4）在保证电路达到性能指标要求的前提下，尽量减少元器件的品种、价格及体积等。

（2）元器件选择

电路是由若干元器件构成的，对元器件性能的深入了解和应用是保证正确设计和达到设计指标的关键之一。有时候，一个元器件的应用或一个新的元器件的出现，将会使系统变得十分容易实现，所以应尽量多地去了解元器件，除教材以外，平时多看参考资料，上网去查一查，到电子市场去逛一逛，使自己的头脑中"存储"更多的元器件。需要的时候，将会熟能生巧，应用自如。

一般情况下，在元器件选择方面，建议在保证电路性能的前提下，尽量选用常见的、通用性好的、价格相对低廉、手头有的或容易买到的。一切从实际需求出发，将分立元器件与集成电路巧妙地结合起来，而且尽量应用集成电路，以使系统简化，体积小，可靠性提高。在确定电子元器件时，应全面考虑电路处理信号的频率范围、环境温度、空间大小、成本高低等诸多因素。

1）集成电路的选择。由于集成电路可以实现很多单元电路甚至整机电路的功能，所以选用集成电路设计单元电路和总体电路既方便又灵活，它不仅使系统体积缩小，而且性能可靠，便于调试及安装，可大大简化电子电路的设计。随着模拟集成技术的不断发展，适用于各种场合下的集成运算放大器不断涌现，只要外加极少量的元器件，利用运算放大器就可构成性能良好的放大器。同样，目前在进行直流稳压电源设计时，已很少采用分立元器件进行设计了，取而代之的是性能更稳定、工作更可靠、成本更低廉的集成稳压器。

选择的集成电路不仅要在功能和特性上实现设计方案，而且要满足功耗、电压、速度、价格等多方面要求。集成电路有模拟集成电路和数字集成电路。器件的型号、功能、特性、引脚可查阅有关手册。集成电路的品种很多，选用方法一般是"先粗后细"，即先根据总体方案考虑应该选用什么功能的集成电路，然后考虑具体性能，最后根据价格等因素选用某种型号的集成电路。

应熟悉集成电路的品种和几种典型产品的型号、性能、价格等，以便在设计时能提出较好的方案，较快地设计出单元电路和总电路。集成电路的常用封装方式有三种：扁平式、直立式和双列直插式，为便于安装、更换、调试和维修，一般情况下，应尽可能选用双列直插式集成电路。

2）阻容元件的选择。电阻器和电容器种类很多，是两种最常见的元件，其性能相差很大，应用的场合也不同。因此，对于设计者来说，应熟悉各种电阻器和电容器的主要性能指标和特点，以便根据电路要求，对元件做出正确的选择。设计时要根据电路的要求选择性能和参数合适的阻容元件，并要注意功耗、容量、频率和耐压范围是否满足要求。

3）分立元器件的选择。分立元器件包括二极管、晶体管、场效应晶体管、光敏二极管、光敏晶体管、晶闸管等，可根据其用途分别进行选择。

选择的元器件种类不同，注意事项也不同。首先要熟悉这些元器件的性能，掌握它们的应用范围；再根据电路的功能要求和元器件在电路中的工作条件，如通过的最大电流、最大反向工作电压、最高工作频率、最大消耗的功率等，确定元器件型号。例如选择晶体管时，首先注意是 NPN 型还是 PNP 型管，是高频管还是低频管，是大功率管还是小功率管，并注意管子的参数 P_{CM}、I_{CM}、$U_{(BR)CEO}$、I_{CBO}、β、f_T 和 f_β 是否满足电路设计指标的要求。

4. 计算机仿真优化

电子系统的方案选择、电路设计以及参数计算和元器件选择基本确定后，方案的选择是否合理，电路设计是否正确，元器件选择是否经济，这些问题还有待于研究。传统的设计方法只能通过实验来解决以上问题，这样不仅延长了设计时间，而且需要大量元器件，有时设计不当可能会烧坏元器件，因此设计成本高。而利用电子电路 EDA 技术，可对设计的电路进行分析、仿真、虚拟实验，不仅提高了设计效率，而且可以通过反复仿真、调试、修改得到一个最佳方案。目前应用较为广泛的电子电路仿真软件有 PSPICE 和功能多、应用方便的 Multisim（Multisim 的使用详见第 4 章）。

在这一阶段，先充分利用 EDA 软件帮助设计单元电路，优化调整电路结构和元器件数值，直到达到指标要求。当各单元电路的理论设计和计算机仿真的结果符合要求时，还要将各单元连接起来仿真，看总体指标是否达到要求，各模块之间配合是否合理正确，信号流向是否顺畅，如果发现有问题，还要回过头来重新审视各部分电路的设计，进一步调整，改进各部分电路的设计和连接关系，这一过程可能要反复多次，直到计算机仿真结果证明电路设计确实正确无误为止。

5. 硬件组装、调试与测量

在优化设计和软件仿真的基础上，就要进行硬件装配、调试和指标的测量。因为最终目的是要做出能够实现某些功能的电路或设备来，仅仅停留在计算机仿真上是不够的，更何况计算机仿真与硬件实际还有一定的差距，不能完全等同，模拟电路更是如此。只有在计算机仿真的基础上，通过实际电路的装配、调试，实际元器件的应用，实际电子仪器的测试，才能真正锻炼和培养自身的工程实践能力，提高实验技能。

硬件电路的组装通常根据实验室的条件和课程要求分为以下几种：

（1）在印制电路板上焊接

采用此种方法应首先将仿真调试好的电路借助计算机软件对印制电路板（PCB）进行辅助设计。PROTEL 软件包是绘制印制电路板的最常用软件。然后采用送厂家加工或手工制版的方法完成 PCB 的制作。再根据电路图将元器件安装焊接。首先要求焊接牢靠、无虚焊，其次是焊点的大小、形状及表面粗糙度等。焊接前，必须把焊点和焊件表面处理干净，轻的可用酒精擦洗，重的要用刀刮或砂纸磨，直到露出光亮金属后再醮上焊剂，镀上锡，将被焊的金属表面加热到焊锡熔化的温度。PCB 的设计、制作及元器件的焊接技术读者可参考其他书籍。

（2）在面包板或实验箱上接插

在进行电子系统设计或课程设计过程中，为了提高元器件的重复利用率，往往在面包板或实验箱上插接电路。首先根据电路图的各部分功能确定元器件在面包板或实验箱上的位置，并按信号的流向将元器件顺序地连接，以易于调试。插接集成电路时首先应认清方向，不要倒插，所有集成电路的插入方向要保持一致。连接用的导线要求紧贴在面包板或实验箱上，避免接触不良。连线不允许跨接在集成电路上，一般从集成电路周围通过，尽量做到横平竖直，这样便于查线和更换器件。

组装电路时要特别注意，各部分电路之间一定要共地。正确的组装方法和合理的布局，不仅使电路整齐美观，而且能够提高电路工作的可靠性，便于检查和排除故障。

电路的调试一般采用边安装、边调试的方法。把一个总电路按框图上的功能分成若干单元电路，分别进行安装和调试，在完成各单元电路调试的基础上逐步扩大安装和调试的范围，最后完成整机调试。此方法既便于调试，又可及时发现和解决问题。

整个调试过程应分层次进行，先单元电路，再模块电路，后系统联调。

电路安装完毕，首先进行通电前检查。直观检查电路各部分接线是否正确，检查电源、地线、信号线、元器件引脚之间有无短路，元器件有无接错。检查无误后进行通电检查，接入电路所要求的电源电压，观察电路中各部分元器件有无异常现象。如果出现异常现象，则应立即关断电源，待排除故障后方可重新通电。在调试单元电路时应明确本部分的调试要求，按调试要求测试性能指标和观察波形。调试顺序按信号的流向进行，这样可以把前面调试过的输出信号作为后一级的输入信号，为最后的整机联调创造条件。电路调试包括静态和动态调试，通过调试掌握必要的数据、波形、现象，然后对电路进行分析、判断、排除故障，完成调试要求。

单元电路调试的成功为整机调试打下了基础。整机联调时应观察各单元电路连接后各级之间的信号关系，主要观察动态结果，检查电路的性能和参数，分析测量的数据和波形是否符合设计要求，对发现的故障和问题及时采取处理措施。

这一阶段，要充分利用电子仪器来观察波形，测量数据，发现问题，解决问题，以达到最终的目标。调试时应注意做好调试记录，准确记录电路各部分的测试数据和波形，以便于分析和运行时参考。

电路调试完毕，要进行系统的指标测试。以系统的设计任务与要求为依据，应用电子仪器进行各项指标测试，观察是否达到要求。详细记录测试条件、测试方法、测试数据及波形。

6. 文档整理和撰写实验报告

电子系统设计的总结报告是对学生写科学论文和科研总结报告的能力训练。通过撰写报告，可以从理论上进一步阐述实验原理，分析实验的正确性、可信度；总结实验的经验和收获，提供有用的资料。实验报告本身是一项创造性的工作，通过实验报告，可以充分反映一个人的思维是否敏捷，概念是否清楚，理论基础是否扎实，工程实践能力是否强劲，分析问题是否深入，学术作风和工作作风是否严谨。所以撰写报告是锻炼综合能力和素质培养的重要环节，一定要重视并认真做好。通过写报告，不仅把设计、组装、调试的内容进行全面总结，而且把实践内容上升到理论高度。

与基础实验报告相比，综合设计实验报告更加全面，需要对设计、组装、调试等方面内容进行全面总结。一般而言，将设计过程中每一步的设计思想、方案论证、分析计算和各阶段的最终设计结果（包括图纸与数据）都加以记录整理，编写成结构化、条理分明、文字简练的文档即为设计报告。

总结报告应包括以下几点：

1）设计题目名称。

2）摘要和关键词。

3）实验任务及要求。

4）总体方案论证。

5）单元电路设计及软件设计。

6）硬件组装调试。包括：

① 使用的主要仪器和仪表；

② 调试电路的方法和技巧；

③ 测试的数据和波形并与计算结果的比较分析；

④ 调试中出现的故障、原因及排除方法。

7）测试数据。

8）列出所用的元器件。

9）收获、体会。

10）附录。

其中，摘要是对设计报告的概述，一般在300字左右。内容应包括目的、方法、结果和结论，即应包含设计的主要内容、设计的主要方法和设计的主要创新点。关键词一般选 3~6 个。

总体方案论证与设计主要介绍系统设计思路与总体方案的可行性论证，以及关键模块的方案比较与选择等。通常包括系统总体框图，以说明系统的工作原理或工作过程及各功能块的划分与组成关系。在总体方案和关键模块的可行性论证中，应提出几种（2~3 种）总体设计方案并进行分析与比较，设计方案的选择既要考虑它的先进性，又要考虑它实现的可能性。

在单元电路设计中不需要进行多个方案的比较与选择，只需要对已确定的各单元电路的工作原理进行介绍，对各单元电路进行分析和设计，对电路中的有关参数进行计算，并对元器件进行选择等。应注意，理论的分析计算是必不可少的。无论是方案论证还是元器件参数的选取都要有足够的根据，应通过必要的计算确定而不是模糊地选取。在理论计算时，要注意公式的完整性，参数和单位的匹配，计算的正确性；注意计算值与实际选择的元器件参数值的差别。各单元电路图可以采用手画，也可以采用 PROTEL 或其他软件工具绘画，应注意元器件符号、参数标注、图纸页面的规范化。如果采用仿真工具进行分析，可以将仿真分析结果表示出来。最后还应有一张完整的总电原理图。在许多设计作品中，会使用到单片机、DSP、FPGA/CPLD 或者嵌入式 CPU 等需要编程的器件，应注意介绍软件设计的平台、开发工具和实现方法，详细地介绍程序的流程框图、实现的功能以及程序清单等。对数字设计应有顶层原理图、模块原理图与代码（用语言描述时）。对单片机设计应有流程图和有关的程序。如果程序很长，则程序清单可以省略，或者在附录中列出主要程序代码。

测试数据建议以表格、曲线等形式呈现，并给出结论性意见。总结设计电路和方案的优缺点，指出课题的核心及实用价值，提出改进意见和展望。

附录可以包括元器件明细表、仪器设备清单、电路图图纸、设计的程序清单、电路使用说明等。应注意的是，元器件明细表的栏目应包含：①序号；②名称、型号及规格（例如电阻器 RJ14-0.25W-510Ω±5%）；③数量；④备注（元器件位号）。仪器设备清单的栏目应包含：①序号；②名称、型号及规格；③主要技术指标；④数量；⑤备注（仪器仪表生产厂家）。电路图图纸要注意选择合适的图幅大小、标注栏。程序清单要有注释、总的和分段的功能说明等。

综合设计实验报告的建议格式：

（1）标题

1）一级标题：小二号黑体，居中，标题与题目之间空一个汉字的空。

2）二级标题：三号标宋，居中，标题与题目之间空一个汉字的空。

3）三级标题：四号黑体，顶格。标题与题目之间空一个汉字的空。

标题中的英文字体均采用 Times New Roman，字号同标题字号。

（2）正文

正文采用五号宋体，单倍行距。

（3）图表

所有文中图和表要先有说明再有图表。图要清晰，并与文中的叙述要一致，对图中内容的说明尽量放在文中。图序、图题（必须有）为小五号宋体，居中排于图的正下方；表序、表题为小五号黑体，居中排于表的正上方；图和表中的文字为六号宋体；表跨页时另起表头。图和表中的注释、注脚为六号宋体；数学公式居中排，公式中字母正斜体和大小写前后要统一。

（4）公式及物理量

公式另行居中，公式末不加标点，有编号时编号靠右侧顶边线。

一般物理量符号用斜体［如 $f(x)$、a、b 等］；矢量、张量、矩阵符号一律用黑斜体；计量单位符号、三角函数、公式中的缩写字符、温标符号、数值等一律用正体。物理量及技术术语全文统一，要采用国际标准。

3.1.2 综合设计实验示例

1. 实验任务书

(1) 题目：简易函数发生器

(2) 设计要求

设计、安装、调试一个能产生正弦波、方波、三角波的电路，要求波形的频率在一定范围内可调，输出电压的幅值达到要求的数值。

① 频率范围：300~500 Hz，连续可调。

② 输出电压：

方波 $3\,V \leqslant U_{pp} \leqslant 6\,V$；三角波 $3\,V \leqslant U_{pp} \leqslant 6\,V$；正弦波 $1\,V \leqslant U_{pp} \leqslant 3\,V$。

2. 设计步骤

(1) 设计思路与框图

根据设计任务要求和已掌握的知识，该电路的实现可以采用两种方法。

方案一：先用运算放大器构成 RC 桥式正弦波振荡器，适当选择 RC 的参数，使之输出满足要求的正弦波信号，然后利用电压比较器可以方便地将正弦波转换成矩形波，继而将矩形波作为积分电路的输入信号，从积分电路的输出端可得到一个三角波信号。框图如图 3.1.1 所示。

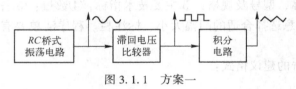

图 3.1.1　方案一

方案二：先由运算放大器组成的滞回电压比较器或 555 定时器组成的多谐振荡器产生方波信号。而方波信号经积分电路就可以方便地形成三角波或锯齿波信号，可采用由两个运算放大器构成的方波-三角波发生器的典型电路。而正弦波信号的产生可以采用波形变换的方式，利用低通滤波器将三角波信号中的高频分量滤掉，得到正弦波信号。框图如图 3.1.2 所示。

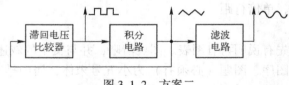

图 3.1.2　方案二

综合考虑实验条件和操作的难易程度，选择第二种方案。

(2) 单元电路设计

① 方波-三角波发生电路设计

a. 电路结构设计

选择典型的方波-三角波发生电路，如图 3.1.3a 所示。

根据电路的工作原理，接通电源，电路即产生振荡，U_{o1} 为方波信号，U_o 为三角波信号。波形如图 3.1.3b 所示。

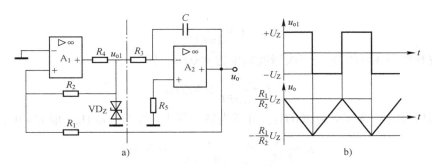

图 3.1.3 方波-三角波产生电路

矩形波输出幅值取决于双向稳压管的稳压值，为 $\pm U_Z$；U_Z 确定后，三角波输出幅值取决于 R_1 与 R_2。

R_1 与 R_2 确定后，矩形波与三角波的频率只由 R_3C 确定；根据要求的振荡频率，确定电容 C 的容量，则可通过调整电位器 R_3 来调整输出信号的频率。

b. 电路参数选择

运算放大器选通用型集成运放：LM324（四运放，一片即可）。

根据方波输出幅值的要求：方波 $3\,\text{V} \leqslant U_{pp} \leqslant 6\,\text{V}$，选择双向稳压管的稳定电压为 $U_Z = \pm 3.3\,\text{V}$。查手册，型号为 1N4728。

根据三角波输出幅值的要求：三角波 $3\,\text{V} \leqslant U_{pp} \leqslant 6\,\text{V}$，$U_T = \pm \dfrac{R_1}{R_2} U_Z$，选择 $R_1 = R_2$。综合考虑电路的工作电流，取 $R_1 = R_2 = 10\,\text{k}\Omega$，1/8 W。若选 R_1 为 $10\,\text{k}\Omega$ 的电位器，则三角波输出幅值可调。

电路产生的方波与三角波的周期和频率为

$$T = \frac{4R_1 R_3 C}{R_2}, \quad f = \frac{R_2}{4R_1 R_3 C}$$

因为 $R_1 = R_2$，即

$$f = \frac{1}{4R_3 C}$$

选择 $C = 0.01\,\mu\text{F}$，当 $f = 500\,\text{Hz}$ 时，求得 $R_3 = 50\,\text{k}\Omega$；当 $f = 300\,\text{Hz}$ 时，求得 $R_3 = 83\,\text{k}\Omega$；选择 $R_3 = 100\,\text{k}\Omega$ 的电位器，则能满足输出信号频率在 $300 \sim 500\,\text{Hz}$ 之间连续可调。

选择 $R_5 = 100\,\text{k}\Omega$。根据双向稳压管的参数 $I_Z = 76\,\text{mA}$，$I_{ZM} = 276\,\text{mA}$ 计算出限流电阻

$$R_4 = \frac{15 - 3.3}{0.076}\,\Omega = 150\,\Omega$$

② 低通滤波电路设计

a. 电路结构设计

选择典型的一阶低通滤波器如图 3.1.4 所示。滤掉三角波中三次谐波以上的谐波信号，保留基波即为与三角波同频率的正弦波信号。

b. 电路参数选择

图 3.1.4 所示一阶低通滤波器的截止频率为

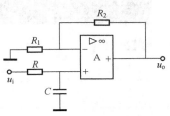

图 3.1.4 一阶低通滤波器

$$f_p = \frac{1}{2\pi RC}$$

当基波频率为 300 Hz 时，三次谐波频率为 900 Hz，即

$$f_p = \frac{1}{2\pi RC} \geq 900\,\text{Hz}$$

考虑到信号的最高频率为 500 Hz，可适当降低截止频率至 800 Hz。取 $C = 10\,\mu\text{F}$，则

$$R = \frac{1}{2\pi C f_p} = \frac{1}{2\pi \times 10^{-8} \times 800} \approx 20\,\text{k}\Omega$$

（3）计算机仿真优化

将设计的各部分电路利用仿真软件（详见第 4 章）进行仿真，优化调整电路结构和元器件数值，直到达到指标要求。经仿真调整，该设计的各部分电路均能达到设计要求。仿真优化后的完整电路如图 3.1.5 所示。仿真波形如图 3.1.6 所示。

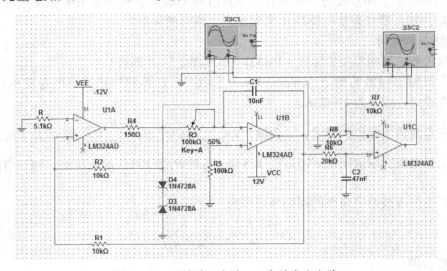

图 3.1.5　正弦波、方波、三角波发生电路

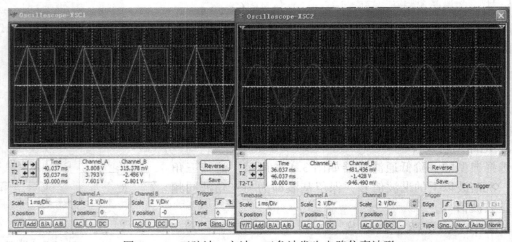

图 3.1.6　正弦波、方波、三角波发生电路仿真波形

（4）安装调试

按照仿真已达到指标的电路图，先将单元电路分别安装调试完毕，然后将两部分连接起来进行系统调试，测量结果。最后写出完整的报告。

（5）撰写报告（略）

3.2 半导体晶体管 β 值测量仪

3.2.1 实验任务及要求

设计一个可自动测量 NPN 型硅晶体管 β 值的显示测量仪。

1. 基本要求

（1）对被测晶体管的 β 值分三档。

（2）β 值的范围分别为 80~120 及 120~160，160~200；其对应的分档编号分别是 1、2、3；待测晶体管为空时显示 0，超过 200 时显示 4。

（3）用数码管显示 β 值的档次。

2. 扩展要求

（1）用三个数码管显示 β 值的大小，分别显示个位、十位和百位。显示范围为 0~199。

（2）响应时间不超过 2 s，显示读数清晰，注意避免出现"叠加现象"。

（3）设计所需的直流稳压电源。

3.2.2 设计思路

半导体晶体管 β 值测试仪的设计框图，如图 3.2.1 所示。

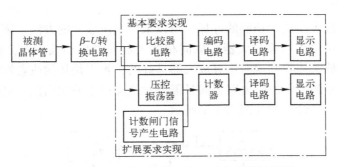

图 3.2.1 半导体晶体管 β 值测试仪的设计框图

被测晶体管经过 β-U 转换电路，首先把晶体管的 β 值转换成对应的电压。

对于基本要求，转换后的电压与不同基准电压的比较器电路进行比较。对应某一定值，只有相应的一个比较电路输出为高电平，其余比较器输出为低电平。接着对比较器输出的高电平进行二进制编码，经显示译码器译码，驱动显示电路显示出相应的档次代号。对于扩展要求，转换后的电压通过压控振荡器把电压转换为频率，选择合适的计数闸门信号，在计数时间内通过的脉冲个数即为被测晶体管的 β 值。

β-U 转换电路，可以用晶体管构成基本放大电路。根据晶体管电流 $I_\mathrm{C} = \beta I_\mathrm{B}$ 的关系，当

I_B为固定值时，I_C反映了β的变化，集电极电阻R_C上的电压U_{RC}又反映了I_C的变化。若要得到较为精准的I_B，可以采用微电流源电路实现。

3.2.3 主要参考元器件

LM324、LM311、NE555、μA741、CD4532、74LS74、74LS47、74LS90、74LS14、CD4511、74LS138 等；NPN、PNP 晶体管 9013、9014、9015；5V 稳压管；二极管；常用多圈电位器；常用定值电阻；常用电容；共阴七段数码显示管。

3.3 简易集成运算放大器测试仪

3.3.1 实验任务及要求

设计一种简易集成运算放大器测试仪。
1. 基本要求
（1）能用于判断集成运放放大功能的好坏。
（2）适应于单电源和双电源型运算放大器的测试。
2. 扩展要求
（1）设计所需的直流稳压电源，要求有±15V 两路电压输出，每路输出电流大于 50mA，并具有过电流保护功能。
（2）设计信号产生电路，用于判断运算放大器好坏的输入。
（3）设计毫伏表电路，用于测量运算放大器的输出。

3.3.2 设计思路

测试集成运算放大器放大功能的好坏，可以采用交流放大的方法。测量原理就是运算放大器的线性应用，可以将运算放大器接成同相放大器或者反相放大器，输入一个交流小信号，如果输出符合放大规律则说明运算放大器是好的，否则是坏的或者性能不好。因此，需要有产生正弦波信号的波形发生电路，而且需要对被测运放的输出信号电压进行测量，即需要交流毫伏表电路。设计框图如图 3.3.1 所示。

图 3.3.1 简易集成运算放大器测试仪设计框图

其中，交流毫伏表电路可以由集成运算放大器、整流电桥和电流表组成，使得流过电流表的电流值正比于输入电压值。直流稳压电源可以采用整流电路、滤波电路和稳压电路构成，同时需要具有过电流保护部分。

3.3.3 主要参考元器件

LM324、μA741、二极管；常用定值电阻；常用电容。

3.4 音响放大器

3.4.1 实验任务及要求

设计一个音响放大器。声音信号包括从传声器来的语音信号，从其他音源信号来的线路信号等。这些信号经过混响，混合前置放大，并经过音调、音量等控制，然后送到功放电路进行放大，最后推动扬声器放音。基本组成框图如图 3.4.1 所示。

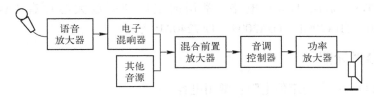

图 3.4.1　音响放大器组成框图

1. 基本要求

（1）额定输出功率 $P_o \geqslant 5\,\mathrm{W}$，负载阻抗 $R_L = 8\,\Omega$。

（2）频率响应 $50\,\mathrm{Hz} \sim 20\,\mathrm{kHz}$。

（3）效率 >60%。

（4）失真度 $\gamma < 3\%$。

（5）输入阻抗 $R_i > 20\,\mathrm{k}\Omega$。

2. 扩展要求

（1）音调调节特性：低音 $125\,\mathrm{Hz}$，$\pm 12\,\mathrm{dB}$；

中音 $1\,\mathrm{kHz}$，$0\,\mathrm{dB}$；

高音 $8\,\mathrm{kHz}$，$\pm 12\,\mathrm{dB}$。

（2）额定输出功率 $P_o \geqslant 8\,\mathrm{W}$，负载阻抗 $R_L = 8\,\Omega$。

3.4.2 设计思路

音响放大器的设计需要综合低频小信号放大电路、信号运算电路、有源滤波反馈电路、低频功率放大电路及电源电路等内容。

1. 语音放大器

首先由于传声器的输出信号一般只有几毫伏左右，因此语音放大器是小信号放大电路，要求其噪声低，失真小，能覆盖整个语音频带，同时要求其输入阻抗应远大于传声器的输入阻抗。通常高阻传声器的阻抗可达 $20\,\mathrm{k}\Omega$，因此语音放大器应采用具有较高射极电阻反馈的共射极放大电路。

2. 电子混响器

电子混响器的作用是产生混响效果，使声音听起来具有一定的深度感和空间立体感。混响器一般由延时电路和加法电路组成。具有代表性的集成混响芯片有三菱公司的 M65831、松下公司的 MN3207。

3. 混合前置放大器

混合前置放大器是将语音放大器或其他音源送入的信号进行放大和混合，用于给后面各级提供适宜的电平。典型的前置放大器是一个反相加法电路。

4. 音调控制器

音调控制器主要是控制和调节音响放大器的幅频特性，以满足各类听众的需要。音调控制器的电路可由低通滤波器与高通滤波器构成。

5. 功率放大器

功率放大器对音频信号进行功率放大，其任务是向负载提供足够大的不失真功率。功率放大器的常见电路形式有 OTL（Output Transformer Less）、OCL（Output Capacitor Less）和 BTL（Balanced Transformer Less）电路。常用的集成功率放大芯片有 LA4100、LA4102、LA4430、TD2030、TDA2004、TDA2009、TA7240AP 等。

3.4.3 主要参考元器件

LM324、LA4430；常用定值电阻；常用电容。

3.5 频率/电压变换器

3.5.1 实验任务及要求

设计并制作一个频率/电压（F/V）变换器。

1. 基本要求

（1）输入信号为正弦信号，频率在 100 Hz ~ 1 kHz 范围内变化时，对应输出的直流电压在 1~5 V 范围内线性变化。

（2）正弦波信号由函数信号发生器产生。

（3）系统采用 ±12 V 电源供电。

2. 扩展要求

设计产生频率可调的正弦波信号发生电路。

3.5.2 设计思路

频率/电压变换器的设计框图如图 3.5.1 所示。正弦波经过比较器变换成方波。方波经 F/V 变换器变换成直流正电压。直流正电压经反相器变成负电压，再与参考电压 U_R 通过反相加法器得到符合技术要求的 U_o。

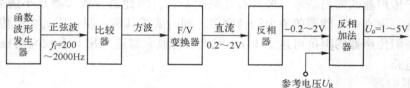

图 3.5.1　频率/电压变换器的设计框图

3.5.3 主要参考元器件

LM331、LM311、LM324、电阻和电容若干。

3.6 逻辑信号电平测试器

3.6.1 实验任务及要求

设计并制作一个逻辑信号电平测试器。

1. 基本要求

（1）测量范围：低电平<0.8 V，高电平>3.5 V。

（2）用1 kHz 的音响表示被测信号为高电平。

（3）用500 Hz 的音响表示被测信号为低电平。

（4）当被测信号在0.8~3.5 V 之间时，不发出音响。

（5）输入电阻大于20 kΩ。

（6）工作电源为5 V。

2. 扩展要求

设计工作电源。

3.6.2 设计思路

逻辑信号电平测试器的设计框图如图3.6.1所示。被测电平经过逻辑电平判断电路输出三种分别表示高、低电平的信号，该信号触发音响产生电路，驱动扬声器工作。逻辑电平判断电路可以由窗口电压比较器实现。

图3.6.1　逻辑信号电平测试器的设计框图

3.6.3 主要参考元器件

LM324、3DG12、电阻和电容若干。

第 4 章　电子电路的仿真与设计

电路设计是人们进行电子产品设计、开发和制造过程中十分关键的一步。在电子技术的发展历程中,传统的设计方法是首先由设计人员根据自己的经验,利用现有通用元器件,完成各部分电路的设计、搭试、性能指标测试等,然后构建整个系统,最后经调试、测量达到规定的指标。这种方法不但花费大、效率低、周期长,而且基本上只适用于早期的较为简单的电子产品的设计,对于比较复杂的电子产品的设计越来越力不从心。利用电子电路仿真软件对电子电路进行仿真、分析和设计,改变了传统的设计方法。电子电路仿真软件类似一个虚拟实验室,它提供了强大的元器件库、丰富的分析工具和虚拟仪器。在这样的虚拟环境中进行实验,不需要真实电路环境的介入,不必考虑实验环境的时间和设备限制,能够极大地提高实验效率。在进行实际电路搭建和性能测试前,可以借助仿真软件对设计电路进行反复调试,从而获得最佳的电路指标,拟定最合理的实测方案。利用电子电路仿真软件进行仿真分析与设计,已经成为现代电子电路设计中必不可少的手段。

4.1　仿真软件简介

Multisim 是美国国家仪器 (National Instruments, NI) 公司推出的以 Windows 为基础的仿真工具,适用于板级的模拟/数字电路板的设计工作。Multisim 是一个完整的设计工具系统,提供了相当广泛的元器件,从无源器件到有源器件、从模拟器件到数字器件、从分立元器件到集成电路,有数千个器件模型;同时提供了种类齐全的电子虚拟仪器,操作类似于真实仪器。此外,还提供了电路的分析工具,以完成对电路的稳态和瞬态分析、时域和频域分析、噪声和失真分析等,帮助设计者全面了解电路性能。

Multisim 前身是 20 世纪 80 年代后期,加拿大图像交互技术 (Interactive Image Technology, IIT) 公司推出的 EWB (Electrical Workbench)。EWB 常见的版本有 4.0d 和 5.0c。跨入 21 世纪初,EWB 被更名为 Multisim,意为多重仿真,推出 Multisim2001。2003 年,IIT 公司对 Multisim2001 进行了较大的改进,将其升级到 Multisim7,增加了 3D 元器件以及安捷伦的万用表、示波器、函数信号发生器等仿实物的虚拟仪器。2004 年,又推出了 Multisim8.0,改进了 Multisim7 的不足,扩充了元器件库,并增加了瓦特计、失真仪、频谱分析仪和网络分析仪等测试仪器。2005 年 IIT 公司被 NI 公司并购。同年 12 月,NI 公司推出了 Multisim9。将 Multisim 的计算机仿真与虚拟仪器技术 LabVIEW 进行了完美的结合。2007 年初,又推出了 NI Multisim10。Multisim10 是高校中最为普遍使用的版本之一。2010 年 1 月,NI 公司下属的 Electronics Workbench Group 推出了 NI Multisim11 (包含电路仿真设计模块 NI Multisim11、制版设计模块 NI Ultiboard 11、布线引擎模块 Ultiroute 和通信电路分析设计模块 Commsim)。针对不同用户,推出了增强专业版 Power Professional、专业版 Professional、个人版 Personal、教育版 Education、学生版 Student 和演示版 Demo。Multisim14 是目前最新的版本。

限于篇幅,这里仅以 Multisim10 为例做简单介绍。

4.2 Multisim10 界面介绍

Multisim10 的操作界面如图 4.2.1 所示。主要包含以下几个部分：标题栏、菜单栏、工具栏、元器件工具栏、仿真开关、仪表工具栏等。界面中带网格的大面积部分就是电路平台，是 Multisim10 的工作窗口，所有电路的输入、连接、编辑、测试及仿真均在该窗口内完成。

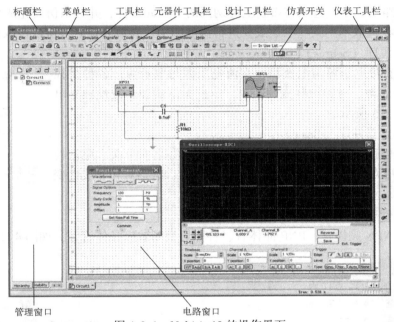

图 4.2.1　Multisim10 的操作界面

1. 菜单栏

Multisim10 菜单栏如图 4.2.2 所示。它主要由文件、编辑、显示、放置、单片机、仿真、转移、工具、报告、选项、窗口、帮助等下拉菜单构成。这些菜单提供对电路进行编辑、视窗设定、添加元器件、单片机专用仿真、仿真、生成报表、系统界面设定以及提供帮助信息等功能。

图 4.2.2　菜单栏

2. 工具栏

在图 4.2.1 中的菜单栏下为工具栏，如图 4.2.3 所示。像大多数 Windows 应用程序一样，Multisim10 把一些常用功能以图标的形式排列成一条工具栏，以便于用户使用。各个图标的具体功能可参阅相应菜单中的说明。

3. 元器件工具栏

Multisim10 软件提供了丰富的、可扩充和自定义的电子元器件。元器件根据不同类型被分为 16 个元器件库，这些库均以图标形式显示在主窗口界面上，如图 4.2.4 所示。下面简单介绍常用元器件库所包含的主要元器件。

图 4.2.3　工具栏

图 4.2.4　元器件工具栏

使用时需要注意的是，Multisim10 提供的元器件有实际元器件和虚拟元器件两种：虚拟元器件的参数可以修改，而每一个实际元器件都与实际元器件的型号相对应，参数不可改变。在设计电路时，尽量选取在市场上可购到的实际元器件，并且在仿真完成后直接转换为PCB 文件。但在选取不到某些参数或要进行温度扫描、参数分析时，可以选取虚拟元器件。

（1）信号源库（Source）

该库包含直流电压源与电流源、交流电压源与电流源、各种受控源、AM 源、FM 源、时钟源脉宽调制源、压控振荡器和非线性独立电源等，如图 4.2.5 所示。

（2）基本元器件库（Basic）

该库包含电阻、电容、电感、变压器、继电器、各种开关、电流控制开关、压控开关、可变电阻、电阻排、可变电容、电感对和非线性变压器等，如图 4.2.6 所示。

动力电源
信号电压源
信号电流源
受控电压源
受控电流源
控制功能块

图 4.2.5　信号源库

（3）晶体管库（Transistors）

该库包含 NPN 晶体管、PNP 晶体管、各种类型场效应晶体管等，如图 4.2.7 所示。

虚拟基础元器件	BASIC_VIRTUAL
虚拟定额元器件	RATED_VIRTUAL
虚拟3D元器件	3D_VIRTUAL
电阻排	RPACK
开关	SWITCH
变压器	TRANSFORMER
非线性变压器	NON_LINEAR_TRANSFOR.
负载	Z_LOAD
继电器	RELAY
接线端子	CONNECTORS
插座	SOCKETS
可编辑器件符号	SCH_CAP_SYMS
电阻器	RESISTOR
电容器	CAPACITOR
电感器	INDUCTOR
电解电容器	CAP_ELECTROLIT
可变电容器	VARIABLE_CAPACITOR
可变电感器	VARIABLE_INDUCTOR
可变电阻器	POTENTIOMETER

图 4.2.6　基本元器件库

	Select all families
虚拟晶体管	TRANSISTORS_VIR...
NPN晶体管	BJT_NPN
PNP晶体管	BJT_PNP
晶体管阵列	BJT_ARRAY
达林顿NPN晶体管	DARLINGTON_NPN
达林顿PNP晶体管	DARLINGTON_PNP
绝缘栅双极晶体管	IGBT
N沟道耗尽型MOS管	MOS_3TDN
N沟道增强型MOS管	MOS_3TEN
P沟道增强型MOS管	MOS_3TEP
N沟道结型场效应晶体管	JFET_N
P沟道结型场效应晶体管	JFET_P
N沟道功率MOS管	POWER_MOS_N
P沟道功率MOS管	POWER_MOS_P
COMP功率MOS管	POWER_MOS_COMP
可编程单结晶体管	UJT
热效应管	THERMAL_MODELS

图 4.2.7　晶体管库

（4）二极管库（Diode）

该库包含普通二极管、齐纳二极管、发光二极管、肖特基二极管、稳压二极管、二端和三端晶闸管开关以及全波桥式整流电路等，如图4.2.8所示。

（5）模拟集成元器件库（Analog ICs）

该库包含各种运算放大器、电压比较器、稳压器和专用集成芯片等，如图4.2.9所示。

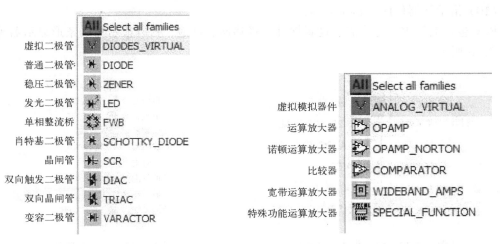

图4.2.8　二极管库　　　　　　　　　　图4.2.9　模拟器件库

（6）TTL元器件库（TTL）

该库包含各种类型的74系列的数字集成电路等，如图4.2.10所示。所有芯片的元器件功能、引脚排列、参数和模型等信息都可以从属性对话框中读取。

（7）CMOS元器件库（CMOS）

该库包含各种类型的CMOS集成电路等，如图4.2.11所示。

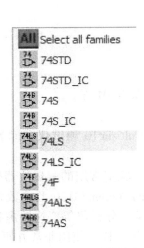
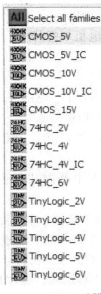

图4.2.10　TTL元器件库　　　　　　　图4.2.11　CMOS元器件库

（8）其他数字元器件库

该库包含 DSP、CPLD、FPGA、微处理器、微控制器、有损传输线和无损传输线等。

（9）混合集成元器件库（Mixed ICs）

该库包含定时器、A–D 转换器、D–A 转换器、模拟开关和多谐振荡器等，如图 4.2.12 所示。

（10）指示元器件库（Indicators）

该库包含电压表、电流表、逻辑探针、蜂鸣器、灯泡、数码显示器和条形显示器等，如图 4.2.13 所示。

图 4.2.12　混合集成元器件库　　　　图 4.2.13　指示元器件库

（11）电源元器件库（Power Components）

该库包含各种熔断器、调压器、PWM 控制器等。

（12）其他元器件库

该库包含真空管、光耦合器、电动机、晶振、真空管、传输线和滤波器等。

（13）射频器件库

该库包含射频电容、感应器、晶体管、MOS 管和隧道二极管等。

（14）机电类元件库

该库包含各种电机、螺线管、加热器、保护装置、线性变压器、继电器、接触器和开关等。

（15）高级外设库

该库包含键盘、LCD、终端等。

（16）单片机模块库

该库包含 805X 的单片机、PIC 微控制器、RAM 及 ROM 等。

4. 仪表工具栏

仪器、仪表是在电路测试中必须用到的工具，Multisim10 测试仪器库界面如图 4.2.14 所示。

Multisim10 的虚拟仪器、仪表除包揽了一般电子实验室常用的测量仪器外，还拥有一些一般实验室难以配置的高性能测量仪器，如安捷伦的 Agilent33120 型函数发生器、安捷伦 54622D 示波器、泰克的 TDS2024 型 4 通道示波器、逻辑分析仪等。这些虚拟仪器不仅功能齐全，而且它们的面板结构、操作几乎和真实仪器一模一样，使用非常方便。

下面介绍 Multisim10 中常用仪器仪表的使用。

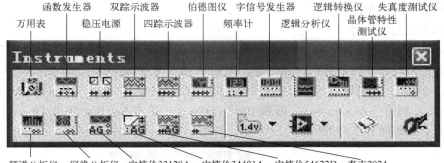

图 4.2.14 仪器仪表库

（1）数字万用表

Multisim10 提供的仪器仪表都有两个界面，称其为图标和面板。图标用来调用，而面板用来显示测量结果。

数字万用表的图标和面板如图 4.2.15 所示。在电子平台上双击数字万用表的图标（见图 4.2.15a），会出现如图 4.2.15b 所示的面板。使用时连接方法、注意事项与实际万用表的接法相同，也有正、负极接线端，用于测量电压、电流、电阻和分贝值。

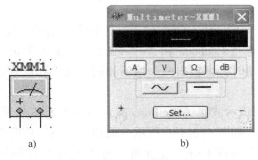

图 4.2.15 数字万用表

（2）瓦特计

Multisim10 提供的瓦特计如图 4.2.16 所示。它用来测量电路的功率。

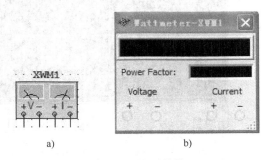

图 4.2.16 瓦特计

使用时应注意电压线圈接线端子的"＋"端与电流线圈接线端子的"＋"端要连接在一起，电压线圈要并联在待测电路两端，而电流线圈要串联在待测电路中。仿真时，瓦特计可以显示有功功率与功率因数。

（3）函数信号发生器

Multisim10 提供的函数信号发生器（Function Generator）如图 4.2.17 所示。它是用来产生正弦波、三角波和方波信号的仪器。使用时可根据要求在波形区（Waveforms）选择所需要的信号；在信号选项区（Signal Options）可设置信号源的频率（Frequency）、占空比（Duty Cycle）、幅值（Amplitude）、偏置电压（Offset）；单击 Set Rise/Fall Time 按钮，可以设置方波的上升时间和下降时间。

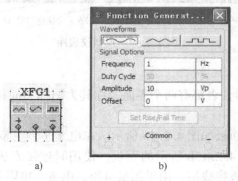

图 4.2.17　函数信号发生器

函数信号发生器上有"+"、Common、"-"三个接线端子，连接"+"和 Common 端子时，输出为正极性信号；连接 Common 和"-"端子时，输出为负极性信号；同时连接三个端子，且将 Common 端接地时，则输出两个幅值相同、极性相反的信号。

（4）示波器

Multisim10 提供的双通道示波器（Oscilloscope）如图 4.2.18 所示。双击图 4.2.18a 所示图标，即可打开示波器面板，如图 4.2.18b 所示。面板上有 A、B 两个通道信号输入端，以及外部触发信号输入端。可在面板里分别设置两个通道 Y 轴的比例尺、两个通道扫描线的位

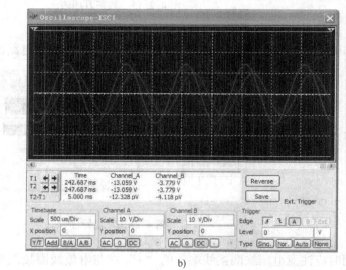

图 4.2.18　示波器

置 X 轴的比例尺、耦合方式、触发电平等。

为了在示波器屏幕上区分不同通道的信号，可以给不同通道的连线设定不同的颜色，波形颜色就是相应通道连线的颜色。设定方法为右键单击连线，弹出快捷菜单，选择其中的 Segment Color，就可方便改变连线的颜色。

其他测试仪表仪器的使用方法请读者查阅相关资料或通过实践了解掌握。

4.3 Multisim10 使用入门

4.3.1 建立电路

1. 运行及设置界面

运行 Multisim10，它会自动打开一个空白的电路文件。也可以通过新建按钮，新建一个空白的电路文件。

创建电路时，可对 Multisim10 的基本界面进行一些必要的设置，使得在调用元器件和绘制电路时更加方便。

在菜单栏中选择 Options/Global Preference 项，将弹出对话框。在此对话框中可设置是否连续放置元器件，设定是否显示元器件的标识、序号、参数、属性、电路的节点编号，选择电子图纸电子平台的背景颜色和元器件颜色，设置电子图纸是否显示栅格、纸张边界、纸张大小，设置导线和总线的宽度以及总线布线方式，设定符号标准等。Multisim10 提供了两套电气元器件标准：美国标准（ANSI）和欧洲标准（DIN），我国的现行标准比较接近于欧洲标准，所以设定为欧洲标准。

2. 调用元器件

（1）查找元器件

Multisim10 中有两种方法可以查找元器件：一是分门别类地浏览查找；二是输入元器件名称搜索查找。第一种方法适合初学者和对元器件名称不太熟悉的人员，后一种方法适合对元器件库相当熟悉的使用者。这里主要介绍第一种方法。

在元器件工具栏上单击任何一类元器件按钮，将弹出元器件库浏览窗口，如电源元器件库的浏览窗口如图 4.3.1 所示。在该浏览窗口中首先在 Group 下拉列表中选择元器件组，再在 Family 下拉列表中选择相应系列，这时，元器件区弹出该系列的所有元器件列表，选择某种元器件，功能区就出现了该元器件的信息。

（2）放置元器件

Multisim10 中的元器件由实际元器件和虚拟元器件两种。实际元器件即在市场上可买到的元器件。取用时，单击所要取用元器件所属的实际元器件库，选择相应的组和系列，再从元器件列表中选取所需的元器件，单击 OK 按钮，此时元器件被选出，电路窗口中出现浮动的元器件，将该元器件拖至合适的位置，单击鼠标左键放置该元器件即可。虚拟元器件的取用方法和取用实际元器件一样。不同的是虚拟元器件的参数值可由用户自行定义，所设置的参数可以是市场上所没有的，可由用户根据自己需要进行虚拟设置。

（3）设置元器件属性

每个被取用的元器件都有默认的属性，包括元器件标号、元器件参数值、显示方式和故

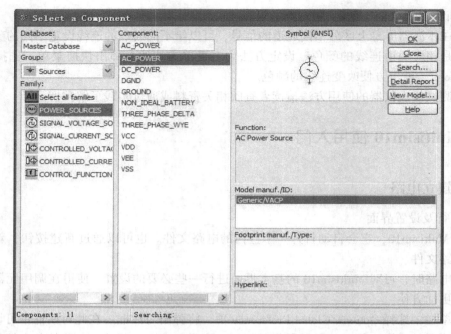

图 4.3.1　元器件库窗口

障等，用户只要双击元器件的图标，即可通过属性对话框对其属性进行修改。

(4) 编辑元器件

元器件被放置后还可以任意剪切、复制、旋转、着色、搬移和删除。其中剪切、复制、旋转和着色等操作，可通过鼠标右键单击元器件，在弹出的菜单中选择相应的操作命令即可实现。搬移单个元器件时，可用鼠标指向所要移动的元器件，按住左键，拖动鼠标至合适位置后放开左键即可；移动整个区域元器件时，可先将该区域的元器件用鼠标框选中，将鼠标放至任一元器件图标上方，按住左键，拖动鼠标进行移动。删除元器件时，只需选中该元器件，然后按 Del 键即可，但此操作在仿真（运行）模式下不能执行。

3. 连接电路

元器件被放置到电路窗口后，用鼠标左键单击元器件引脚，拖动鼠标至目标元器件引脚再次单击，即可完成连接。在连线过程中按 Esc 或单击右键可终止连接。如果需要断开已连好的连线并移动至其他位置，将光标放在要断开的位置单击后，移动光标至新的引脚连接位置，再次单击完成连线。

如果要检验连线是否连接可靠，可以拖动元器件，如果连线跟着移动，则表明已连接可靠。

如果要改变连接线的颜色，可用鼠标右键单击连线，在弹出的图 4.3.2 所示菜单中选择 Change Color，即可修改连线的颜色。

图 4.3.2　改变线条颜色

4. 调用、连接仪器仪表

调用、连接仪器仪表的方法和调用、连接元器件的方法相同。用鼠标左键单击仪表工具栏中的相应仪器，鼠标箭头将变成虚拟仪器的图标，拖拽仪器到合适位置，单击鼠标左键将仪器放置在合适位置。然后将仪器仪表接入待测电路。

5. 仿真运行

仿真电路创建成功，并连接测试仪器仪表后，则可对文件进行保存。单击运行按钮，获得实验结果。双击仿真电路中的仪器图标，可以打开仪器的面板，用来设置参数和观察测量结果。

4.3.2 电路仿真分析

电路连接完成后，就可以通过 Multisim10 提供的基本仿真分析方法对建立的电路进行仿真分析。

Multisim10 提供了元器件特性分析、直流工作点分析、交流分析、瞬态分析、傅里叶分析、噪声分析、失真分析、直流扫描分析、灵敏度分析、参数扫描、温度扫描、零极点分析、传输函数分析、最坏情况分析、蒙特卡罗统计、批处理分析和用户定义分析等分析功能。选择主菜单中的 Simulate/Analyses 即可看到。下面将通过几个简单的电路示例进行电路的仿真分析。

1. 晶体管伏安特性的测试

半导体器件的特性曲线可以通过 IV 分析仪和直流扫描分析这两种方法得到。用 IV 分析仪测试晶体管伏安特性的方式如下：从元器件工具栏中选择 NPN 晶体管 MRF9011LT1_A，从仪表工具栏中选取 IV 分析仪，双击该图标打开显示面板。在 Components 下拉菜单中选择 BJT NPN 选项，面板右下方则显示晶体管的 b、e 和 c 三个极连接顺序的示意图。建立测试电路如图 4.3.3 所示。单击面板上的 Simulate Param 按钮，设定 U_{CE} 和 I_B 扫描范围分别为 0~12V 和 0~40μA，如图 4.3.4 所示。单击 Simulate 按钮进行仿真，得到晶体的输出特性曲线如图 4.3.5 所示。面板下方显示光标所在位置的某曲线 i_B、U_{CE} 及 i_C 的值，单击其他曲线可显示相应数值。

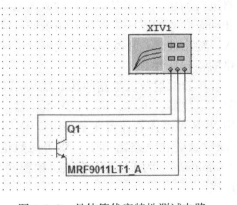

图 4.3.3　晶体管伏安特性测试电路

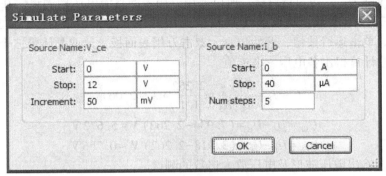

图 4.3.4　IV 分析仪参数设置

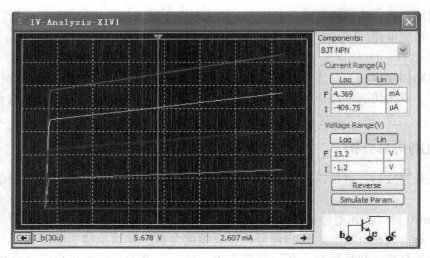

图 4.3.5　晶体管的伏安特性曲线

2. 用虚拟仪器分析单管放大电路

Multisim10 的测试仪器库包揽一般电子实验室常用的测量仪器和一些高性能测量仪器。因此在 Multisim10 中进行电子电路的仿真测试时，就可以像在实验室一样选择合适的虚拟仪器进行测量。下面以单管共射放大电路为例，介绍应用 Multisim10 进行仿真，测试静态参数和动态参数的方法。使用万用表的直流电压档测试电路的静态工作点；用双踪示波器测试输入、输出波形；用交流毫伏表测试电路的放大倍数以及输入、输出电阻；用伯德图仪测试电路的幅频特性。

单管共射放大电路的仿真需要用到的电路元器件和仪表有晶体管、电源、接地端、电阻、电位器、电容、函数信号发生器、双踪示波器、万用表和伯德图仪等。从晶体管库中调用 NPN 型晶体管放置在电路窗口中。从仪表工具栏中调用函数信号发生器 "Function Generator" 放置在电路窗口中。双击函数信号发生器，选择正弦波信号，修改参数，电压幅值 "Amplitude" 为 141 mV 峰值，频率 "Frequency" 为 1kHz。按下鼠标左键拖拽完成电路的连接。

（1）静态工作点的测试

放大电路的静态工作点是输入信号为零时晶体管的基极电流 I_B、发射结电压 U_{BE}、集电极电流 I_C 和管压降 U_{CE}，均为直流量，所以要用万用表的直流电压档测量。在不失真的前提下，测试静态工作点参数。从仪表工具栏中调用万用表 "Multimeter"，建立测试电路如图 4.3.6 所示。单击运行按钮，开始仿真，双击万用表面板，读取晶体管三个极 b、c、e 的电位，然后通过计算得出各电压、电流值。

$$I_C \approx I_E = \frac{U_E}{R_4 + R_5} = \frac{2.262}{1.1} \text{ mA} \approx 2.06 \text{ mA}$$

$$U_{CE} = U_C - U_E = (7.934 - 2.262) \text{ V} = 5.672 \text{ V}$$

$$U_{BE} = U_B - U_E = (3.018 - 2.262) \text{ V} \approx 0.756 \text{ V}$$

（2）输入、输出电压波形及电压放大倍数的测试

从仪表工具栏中调用双踪示波器 "Oscilloscope"，A 通道用于测试输入电压的波形，B

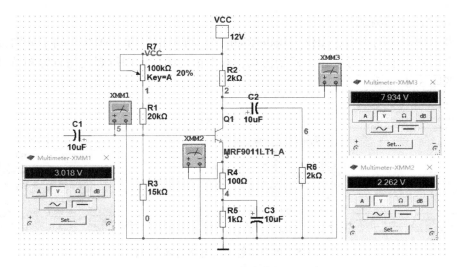

图 4.3.6　静态工作点的测试电路

通道用于测试输出电压的波形。单击运行按钮，开始仿真，双击示波器面板，观察输入、输出波形如图 4.3.7 所示。根据显示数据可计算电压放大倍数为

$$A_u = \frac{1.169}{0.141} \approx 8.29$$

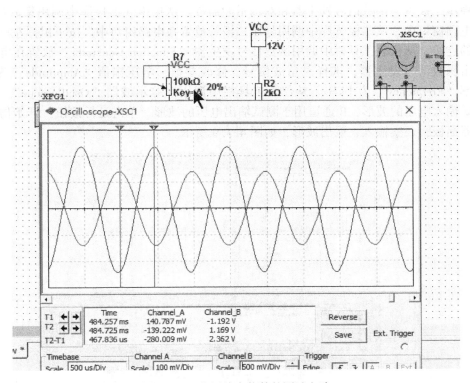

图 4.3.7　电压放大倍数的测试电路

（3）频率特性的测试

从仪表工具栏中调用伯德图仪"Bode Plotter"，将"IN"和"OUT"端子分别接电路的输入和输出信号。单击运行按钮，开始仿真，双击伯德图仪，即可观测仿真幅频特性和相频特性，如图4.3.8所示。

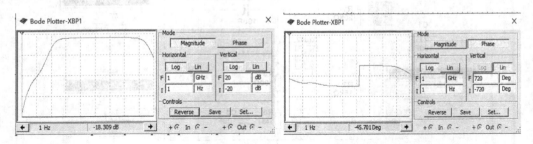

图4.3.8　单管共射放大电路的频率特性

3. 滞回电压比较器的测试

电压比较器的功能是能够将输入信号与参考电压进行大小比较，并用输出电平的高、低表示比较结果。其特点是运算放大器工作在开环或正反馈状态，输入、输出之间呈现非线性传输特性。对电压比较器的测试主要是测量它的输入、输出波形和电压传输特性。

滞回电压比较器的仿真需要用到的电路元器件和仪表有集成运放741、电源、接地端、电阻、稳压二极管、函数信号发生器和双踪示波器等。从模拟元器件库中调用集成运放741放置在电路窗口中，从二极管库中调用稳压二极管放置在电路窗口中。按下鼠标左键拖拽完成电路的连接。从仪表工具栏中调用函数信号发生器"Function Generator"放置在电路窗口中。双击函数信号发生器，选择三角波信号，修改参数，电压幅值"Amplitude"为1V峰值，频率"Frequency"为1kHz。从仪表工具栏中调用双踪示波器"Oscilloscope"，A通道用于测试输入电压的波形，B通道用于测试输出电压的波形。单击运行按钮，开始仿真，双击示波器面板，观察输入、输出波形，如图4.3.9所示。

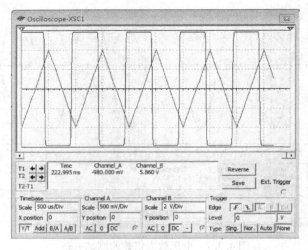

图4.3.9　滞回电压比较器的输入、输出波形

电压比较器的传输特性可以通过示波器的 X-Y 方式测得。将输入信号和输出信号的"Y position"设置为 0，DC 耦合方式，选择示波器的"B/A"模式，即可观察到滞回电压比较器的传输特性曲线，如图 4.3.10 所示。

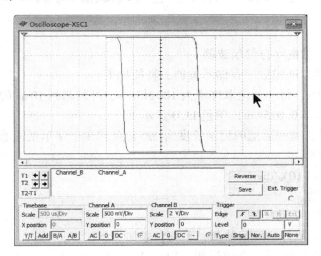

图 4.3.10　滞回电压比较器的传输特性

附录　常用电子仪器简介

一、GDS 820 双踪数字存储示波器

GDS-820 是一种双通道数字存储示波器，特征如下：

- 频宽为 150 MHz，每一通道取样率为 100 MSa/s，可侦测到 10 ns 的短时脉冲。
- 5.7"（1" = 1 in = 0.0254 m）单色 LCD 显示。
- 两个输入通道，每一通道的记录长度为 125 k 点和 8 个字节的垂直分辨率，每个通道可同时采集波形。
- 时基：1 ns/div ~ 10 s/div。
- 6 位触发计频器。
- 自动快速调整和手动操作。
- 4 种采集模式：取样，峰值侦测，平均，累加。
- 游标和 15 种连续可调，自动量测：Vhi、Vio、Vmax、Vmin、Vpp、Vaverage、Vrms、Vamp、上升时间、下降时间、工作周期、频率、周期。
- 15 组存储器用于前面板设置存取。
- 2 组存储器可用于波形轨迹记录。
- FFT 频谱分析。
- 具有"program mode"和"Go-No Go"功能。
- 视频和脉冲宽度触发。
- 8×12 格波形显示（关闭菜单）。
- 具有打印机接口，RS 232 和 USB 输出接口，GPIB 界面模块。

GDS-820 数字存储示波器的前面板如下图所示。

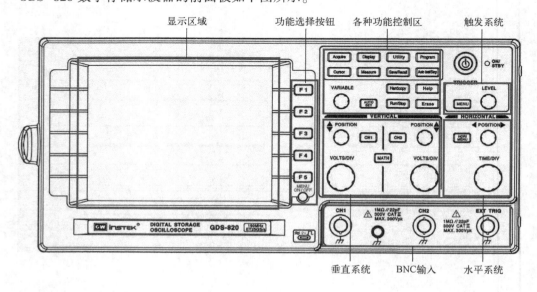

1. 显示区域

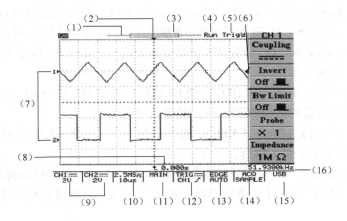

（1）波形记录指示条
（2）触发位置（T）指示
（3）显示波形的记录片段
（4）Run/Stop 指示
（5）触发状态
（6）触发准位指示
（7）通道位置指示
（8）延迟触发指示
（9）CH1 和 CH2 状态显示
（10）取样速率读出
（11）水平状态读出
（12）触发源和状态读出
（13）触发类型和模式读出
（14）采集状态
（15）界面类型指示
（16）触发计频器

2. 垂直系统

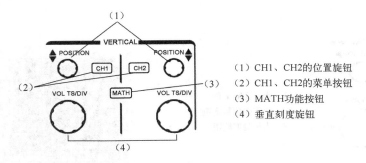

（1）CH1、CH2的位置旋钮
（2）CH1、CH2的菜单按钮
（3）MATH功能按钮
（4）垂直刻度旋钮

（1）CH1、CH2 的位置（POSITION）旋钮，调节波形的垂直位置。
（2）CH1、CH2 的菜单按钮，显示垂直波形功能和波形显示开关。如果通道 1 或 2 被关闭，LED 指示灯会熄灭。

- 耦合（Coupling）：按 F1 选 AC（$\curvearrowright$）、DC（$\rightleftharpoons$）耦合或接地（$\underset{\sim}{\frown}$）。
- 反转（Invert）On/Off：按 F2 选择波形是否反向显示，On 时，反向显示；Off 时，正向显示。
- 带宽限制（Bw Limit）On/Off：F3 频宽限制设定键，On 时，设定带宽为 20 MHz；Off 时，设定带宽为全带宽。
- 探棒衰减选择（Probe 1/10/100）：按 F4 选择探棒衰减×1、×10、×100。改变探棒衰减倍率，自动测量的读值和游标测量的读值也会改变。
- 输入阻抗选择（Impedance 1 MΩ）：输入阻抗显示（GDS−820 系列只有 1 MΩ 可选，GDS−840 可选 50Ω 或 1 MΩ）。

（3）MATH 功能按钮，选择不同的数学处理功能。MATH 功能被选择时，可用 F1 选择 CH1+CH2、CH1−CH2 或 FFT（快速傅里叶转换）。用 FFT 功能可以将一个时域信号转换成频率构成。

- CH1+CH2：通道 1 和通道 2 的波形相加。
- CH1−CH2：通道 1 和通道 2 的波形相减。
- 数学处理 CH1+CH2/CH1−CH2 的波形位置可以用 VARIABLE 旋钮来调整，数学处理位置指示（LCD 左面）同时改变位置。
- FFT：按 MATH 按钮，选择 FFT 功能。选择源通道和窗口运算法则。再按一下 MATH 解除 FFT 频谱显示。
    - ✓ Source CH1/CH2：选择频谱分析的通道。
    - ✓ Window Rectangular/Blankman/Hanning/Flattop。
        a）Window Rectangular：转换到 Rectangular 窗口模式。
        b）Window Blankman：转换到 Blankman 窗口模式。
        c）Window Hanning：转换到 Hanning 窗口模式。
        d）Window Flattop：转换到 Flattop 窗口模式。
    - ✓ Position：旋转 VARIABLE 旋钮改变显示屏上的 FFT 位置值。LCD 左面的数学处理位置指示总是指向约 0 dB，这里 0 dB 定义为 1Vrms。
    - ✓ Unit/DIV 20/10/5/2/1 dB：按 F5 键来选择频谱的垂直衰减，有 20 dB/DIV、10 dB/DIV、5 dB/DIV、2 dB/DIV 和 1 dB/DIV。

（4）VOLTS/DIV：调节所选波形的垂直刻度（以 1−2−5 序列变换档位）。

3. 水平系统

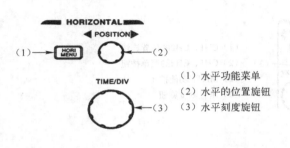

（1）水平功能菜单
（2）水平的位置旋钮
（3）水平刻度旋钮

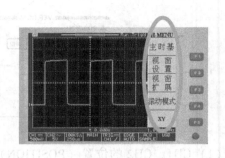

（1）HORI MENU 选择水平功能菜单。按下此键可以显示水平菜单，如上图右侧显示。

（2）水平的位置（POSITION）旋钮，调整波形的水平位置。旋转该旋钮，触发点的位置会改变，从而观测到触发点前后不同位置的信号（触发位置标示点，通常置于屏幕中央，以利于观测触发点之前和之后的信号）。

（3）TIME/DIV 旋钮，调整波形的水平刻度。同时显示水平每大格所代表的时间（显示区域共有十大格），在 RUN 或 STOP 模式都有效，但是在 STOP 模式时最大只能恢复到 STOP 时的时间，比如在 1 ms/DIV 时 STOP，波形展开后，最多只能缩小至 1 ms/DIV。按图示方向旋转旋钮，改变窗口的时基设定。

4. 触发系统

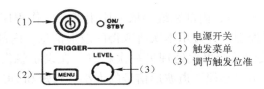

（1）电源开关
（2）触发菜单
（3）调节触发位准

触发的作用在于通过每次显示开始于波形上的同一点从而同步波形的显示，显示波形的特点和细节，触发系统可以稳定周期波形的显示，通过触发系统可以从信号中获得所需要观测的部分，从而避免不需要的部分影响观测结果，数字示波器的高阶触发功能可以帮助从波形中分离出所需要的部分。比如单次触发可以捕捉到只发生一次的波形，脉宽触发可以从一串脉冲序列中获得所关心的那部分脉冲等。合理利用示波器（尤其是数字示波器）的触发功能可以使测量工作变得简单，甚至使不可能的测量变为可能。

（1）电源开关：示波器开机按钮。按下后，右面绿色指示灯会亮。

（2）触发菜单：选择触发类型、触发源和触发模式。

● 触发类型

边沿触发（Edge）：在输入信号的边缘处触发，可选择触发信号来源（Source）、触发的模式（Mode）、耦合（Coupling）和沿（Slope）。

脉宽触发：可以在一个范围内触发特定宽度的正或负的脉冲。

视频触发：与电视信号的同步功能，用于观测电视信号。可以设置信号源、信号制式及极性，指定视频图场的特定扫描线或触发视频信号的所有扫描线。

高阶延迟触发：包括一个起始触发信号和第二触发源（主触发）。起始触发信号由外部触发产生。可延迟波形的采集时间到用户设定时间或用户设定的在起始触发信号后触发的次数。按键可选三种触发：时间延迟、事件延迟和 TTL/ECL/User。

触发类型的选择：当观测一般的连续、周期性信号（如正弦波、方波）时，可选择自动方式边沿触发；当观测单个脉冲时，可选择单次方式边沿触发；当观测脉宽不均匀的脉冲波时，可根据测量要求选择脉宽触发；当观测特定编码信号时，可选择视频触发。

● 触发源

CH1：选 CH1 为触发源。

CH2：选 CH2 为触发源。

External：选择 "EXT. TRIG" 输入端信号作为触发源。

Line：选 AC 线电压作为触发源，用于观测与电源有关的现象，比如信号上的电源干扰等。

● 触发模式

Auto Level：自动电平触发，系统内部会自动锁定触发电平于信号范围内，以确保触发稳定。

Auto：自动方式，如果没有触发事件的情况下，示波器会产生内部触发。当需要一个没有触发，时基设定在 500 ms/DIV 或更慢一点的波形时，可选择自动触发模式，在实际时间降低到 5 s/DIV 时继续观察低速现象。

Normal：正常触发，选择此模式时，只在有触发时取得一个波形。如没有触发，将不会有波形。

Single：单次（Single Shot），内部系统会依据使用者的操作程序，当第一次触发脉冲发生时，随即执行一次取样处理，并显示本次所取得的波形信息，内部系统即停止一切处理动作。只需按 RUN/STOP 按钮才会再次处理另一次触发。在设定触发、水平、垂直控制以取得一个单次触发事件前，用户必须知道波形信号的大小、长短和 DC 偏移量。

（3）调节触发位准：调节触发电平。改变触发电平的位置，可以改变显示波形的位置。通过合理地调整触发电平可以保证波形在屏幕上稳定显示。通过调节触发电平来控制波形的显示是示波器的传统方式。

5. 功能控制区

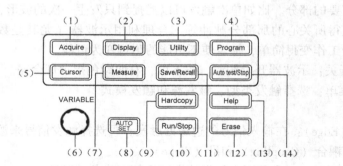

（1）选择采集模式

（2）控制显示模式

（3）选择使用功能

（4）设置为编程模式

（5）设置游标类型

（6）VARIABLE 旋钮，多功能控制旋钮

（7）15 种自动测量通路

（8）AUTOSET 按钮，自动调节信号轨迹的设定值

（9）打印输出 LCD 显示的硬拷贝

（10）开始和停止波形的采集

（11）存储或取出波形设置

（12）清除设定键，可清除波形

（13）在 LCD 显示屏上显示内置帮助文件

（14）编程模式下停止重放

这里只针对功能控制区的部分按键功能进行简单介绍。

（2）DISPLAY：改变显示外貌和选择当前波形。注意：每次采集波形时通常以 250 点划分屏幕。

Type Vector：按 F1 选择矢量显示模式。仪器在每两个点之间画出矢量。

● Type Dot：只显示取样点。

● Accumulate（On/Off）：累积模式可获得并显示波形记录的总变化。

● Refresh：按 F3 键更新波形。

● Contrast（0~100%）：用 VARIABLE 旋钮改变 LCD 屏幕的对比度。

[方格显示模式图标]：按 F5 键选择三种不同的方格显示模式。

[只显示X、Y轴图标]：只显示 X、Y 轴。

[只显示外框图标]：只显示外框。

[显示所有格线图标]：显示所有格线。

（5）CURSOR：选择不同的游标测量。垂直游标测量时间，水平游标测量电压。T1 和 T2 是关于 LCD 网线中心的两条纵向平行游标线，V1 和 V2 是两条水平方向的平行游标线。△符号表示游标间的距离。

Source 1/2：按 F1 键选择被测波形的通道。

Horizontal [游标模式图标]：按 F2 键选择两种游标模式，即独立和联动。调节 VARIABLE 旋钮改变游标位置。在联动模式时，两个游标间保持固定距离。T1 显示实线，T2 显示虚线。

Horizontal [图标]：只有 T1 游标可变。

Horizontal [图标]：只有 T2 游标可变。

Horizontal [图标]：T1 和 T2 处于联动模式。

Horizontal [图标]：水平轴的游标无效。

参考值显示于 LCD 上：

T1：第一个游标时间指示。

T2：第二个游标时间指示。

△：T1 减 T2 的值。

f：T1 至 T2 间的频率变化。

Vertical [游标模式图标]：按 F3 选择垂直游标模式，即独立和联动。

Vertical [图标]：只有 V1 游标可变。

Vertical [图标]：只有 V2 游标可变。

| Vertical ════ |：V1 和 V2 游标处于联动模式，都可变。

| Vertical ---------- |：垂直游标无效。

在独立模式时，用户可以旋转 VARIABLE 旋钮只移动一个游标。V1 游标是实线，V2 游标是虚线。

在联动模式时，调节 VARIABLE 旋钮改变游标位置。两个游标间保持固定距离。

LCD 上显示参考值：

V1：第一个游标处的电压值。

V2：第二个游标处的电压值。

△：T1 减 T2 的值。

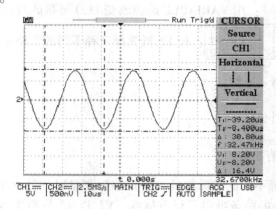

（7）MEASURE：测量。可测量完整的波形或游标指定区域。

按 F1~F5 键可选择不同的测量项目，最多可同时显示十种测量项目（CH1 和 CH2 都开启）。每一个按钮可选择 15 种不同的测量项目。每个菜单可显示相同的测量项目。

Vpp：Vmax-Vmin（整个波形）。

Vamp：Vhi-Vlo（整个波形）。

Vavg：第一个周期内的平均电压。

Vrms：整个或指定区域波形的电压有效值。

Vhi：波形顶端电压值。

Vlo：波形底端电压值。

Vmax：最大振幅电压值，完整波形的正峰值。

Vmin：最小振幅电压值，完整波形的负峰值。

Freq：波形第一个周期或指定区域内的频率测量。频率是周期的倒数，单位为 Hz。

Period：第一个完整波形或指定区域的时间。周期是频率的倒数，单位为 s。

上升时间：波形脉冲从峰值的 10%上升至 90%的时间。

下降时间：波形脉冲从峰值的 90%下降至 10%的时间。

正脉宽：测量波形的第一个正脉冲或指定区域宽度，为 50%振幅两点间的时间。

负脉宽：测量波形的第一个负脉冲或指定区域宽度，为 50%振幅两点间的时间。

占空比：脉冲宽度所占周期的时间百分比。占空比=（脉冲宽度/周期）×100%。

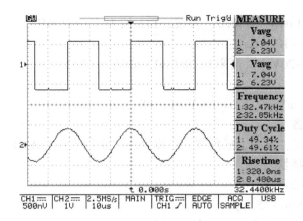

6. BNC 输入

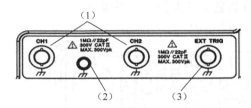

（1）CH1和CH2接收信号的BNC接头
（2）接地
（3）外部触发BNC接头

二、EE1420 型函数/任意波信号发生器/计数器

EE1420 型函数/任意波信号发生器/计数器是一台精密的测试仪器，具有输出函数信号、调频、调幅、FSK、PSK、猝发、频率扫描等功能。此外，本仪器还具有测频和计数的功能。

- 采用直接数字合成技术（DDS）。
- 小信号输出幅值可达 1 mV。
- 脉冲波占空比分辨率高达千分之一。
- 数字调频、调幅分辨率高、准确。
- 猝发模式具有相位连续调节功能。
- 频率扫描输出可任意设置起点、终点频率。
- 相位调节分辨率达 0.1 度。
- 调幅调制度 1%~100%可任意设置。
- 输出波形达 30 余种。
- 具有频率测量和计数的功能。
- 具有第二路输出，可控制和第一路信号的相位差。
- 大屏 TFT LCD 显示，界面友好直观。

通道 A 函数发生器

主波形：正弦波、方波。

存储波形：正弦波、方波、脉冲波、三角波、锯齿波、阶梯波等 26 种波形，TTL 波形。

频率范围：

主波形：正弦波 1 μHz~6 MHz；方波、TTL 波 10 Hz~6 MHz。

　　　　　正弦波 1 μHz~11 MHz；方波、TTL 波 10 Hz~11 MHz。

　　　　　正弦波 1 μHz~21 MHz；方波、TTL 波 10 Hz~21 MHz。

正弦波 1 μHz~31 MHz；方波、TTL 波 10 Hz~21 MHz。

存储波形：1 μHz~100 kHz。

幅值范围：1 mV~20Vpp（高阻），0.5 mV~10Vpp（50 Ω）。

输出阻抗：50 Ω。

幅值单位：Vpp，mVpp，Vrms，mVrms，dBm。

通道 B 函数发生器

输出波形：正弦波、方波、三角波、负锯齿波、正锯齿波（AM）。

通道 B 功率放大模块

频率范围：1 Hz~20 kHz。

幅值范围：300mVpp~15Vpp。

输出波形：正弦波、方波、三角波、正锯齿波。

EE1420 型函数/任意波信号发生器/计数器的前面板如下图所示。

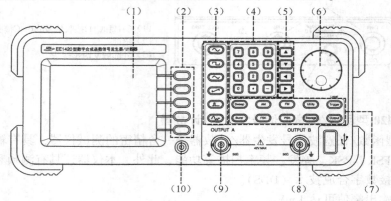

（1）TFT LCD 显示屏 　　　　　　（2）菜单功能按键

（3）波形选择按键 　　　　　　　　（4）数字输入按键

（5）光标按键 　　　　　　　　　　（6）旋钮

（7）功能选择按键 　　　　　　　　（8）通道 B 信号输出端口

（9）通道 A 信号输出端口 　　　　　（10）电源开关按键

注意：按键◎下的灯光为黄色时，表示机器已经接上交流电源，进入待开机状态；如果按键下的灯光为绿色，表示机器已经打开电源开关，仪器进入了正常工作界面。如果要关断机器电源，应该按住按键◎超过 500 ms 以上，才能关闭电源。

1. 前面板液晶显示界面

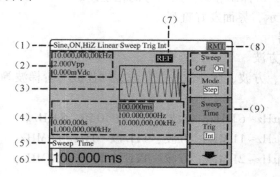

（1）通道信息栏　　　　　　　　　　（6）当前选择参数显示区

（2）主波形参数区　　　　　　　　　（7）外标频标志显示

（3）波形显示区　　　　　　　　　　（8）远控标志显示

（4）调制波形参数区　　　　　　　　（9）菜单显示区

（5）选择参数名称显示区

2. 仪器数据的输入方法

当改变参数时，只有菜单显示区中菜单选择项与参数显示项一致时才可以进行更改或输入。

仪器数据的输入有两种方法：一种是使用旋钮和光标按键；另一种是使用键盘输入和softkey 来选择单位。

（1）使用旋钮和光标按键来修改数据

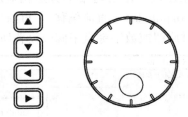

● 使用旋钮左边的左右光标键，在参数上左右移动光标。

● 使用上下键来对数据进行加减操作。

● 旋转旋钮来修改参数。

（2）使用数字键盘输入数据，使用 softkey 选择单位

选中参数后，要修改数据时，可以按照以下方法进行：

● 使用数字键盘输入数据。

● 按对应单位右边的 softkey，选择单位，使输入数据有效。

● ☐用来在选择单位以前，改变输入数据的正负符号。

● ◁键用来在选择单位前，删除前一位输入的数字。

3. 通道 A 输出波形选择

在仪器的前面板上有主要波形直接选择按键，如下图所示。

符号	说明
∿	选择正弦波
⊓⊔	选择方波
∿	选择三角波
⟋	选择正锯齿波
⊓	选择脉冲波
⩗	选择任意波形（内含DC波形）

要使仪器输出相应的主波形，只要直接按相应的波形按键，就可以互相之间来回切换。

（1）输出正弦波

按 ∿ 键，仪器输出正弦波形。屏幕显示界面如下图所示。

屏幕上的波形显示区显示正弦波。按右边菜单旁边相对应的 softkey，选中相应的频率（Frequency）、输出电平幅值（Amplitude）、直流偏移（Offset）等参数。选中的参数在屏幕的左下方有相应显示。可以通过旋钮或数字键盘来修改设置所需的参数。

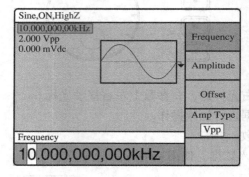

屏幕上有一幅值单位转换项（Amp Type），按其右边的 softkey，来切换当前输出幅值在不同单位时的转换数值。有 Vpp、Vrms、dBm 三项单位。

仪器的默认输出是频率 10 kHz、输出幅值 2Vpp、直流偏移 0 Vdc 的正弦波形。

（2）输出方波

按 ⊓⊔ 键，仪器输出方波波形。屏幕显示界面如下图所示。

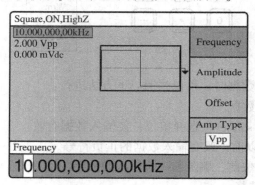

屏幕上的波形显示区显示方波。按右边菜单旁边相对应的 softkey，选中相应的频率（Frequency）、输出电平幅值（Amplitude）、直流偏移（Offset）等参数。选中的参数在屏幕的左下方有相应显示。可以通过旋钮或数字键盘来修改设置所需的参数。

屏幕上有一幅值单位转换项（Amp Type），按其右边的 softkey，来切换当前输出幅值在不同单位时的转换数值。有 Vpp、Vrms、dBm 三项单位。

仪器的默认输出是频率 10 kHz、输出幅值 2Vpp、直流偏移 0Vdc、占空比 50% 的方波形。

（3）输出三角波

按 ⌇ 键，仪器输出三角波波形。屏幕显示界面如下图所示。

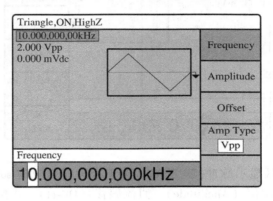

屏幕上的波形显示区显示三角波。按右边菜单旁边相对应的 softkey，选中相应的频率（Frequency）、输出电平幅值（Amplitude）、直流偏移（Offset）等参数。选中的参数在屏幕的左下方有相应显示。可以通过旋钮或数字键盘来修改设置所需要的参数。

屏幕上有一幅值单位转换项（Amp Type），按其右边的 softkey，来切换当前输出幅值在不同单位时的转换数值。有 Vpp、Vrms、dBm 三项单位。

仪器的默认输出是频率 10 kHz、输出幅值 2Vpp、直流偏移 0 Vdc 的三角波形。

（4）输出正锯齿波

按 ⌇ 键，仪器输出正锯齿波波形。屏幕显示界面如下图所示。

屏幕上的波形显示区显示正锯齿波。按右边菜单旁边相对应的 softkey，选中相应的频率（Frequency）、输出电平幅值（Amplitude）、直流偏移（Offset）等参数。选中的参数在屏幕的左下方有相应显示。可以通过旋钮或数字键盘来修改设置所需要的参数。

屏幕上有一幅值单位转换项（Amp Type），按其右边的 softkey，来切换当前输出幅值在不同单位时的转换数值。有 Vpp、Vrms、dBm 三项单位。

仪器的默认输出是频率 10 kHz、输出幅值 2Vpp、直流偏移 0 Vdc 的正锯齿波波形。

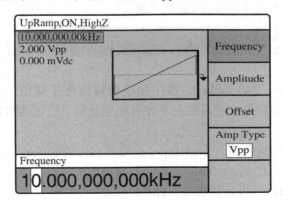

（5）输出脉冲波

按 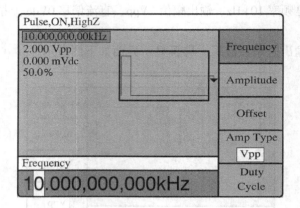 键，仪器输出脉冲波波形。屏幕显示界面如下图所示。

屏幕上的波形显示区显示脉冲波。按右边菜单旁边相对应的 softkey，选中相应的频率（Frequency）、输出电平幅值（Amplitude）、直流偏移（Offset）、占空比（Duty Cycle）等参数，下方有相应显示。可以通过旋钮或数字键盘来修改设置所需要的参数。

屏幕上有一幅值单位转换项（Amp Type），按其右边的 softkey，来切换当前输出幅值在不同单位时的转换数值。有 Vpp、Vrms、dBm 三项单位。

仪器的默认输出是频率 10 kHz、输出幅值 2Vpp、直流偏移 0 Vdc、占空比 50.0% 的脉冲波形。

（6）输出任意波

按 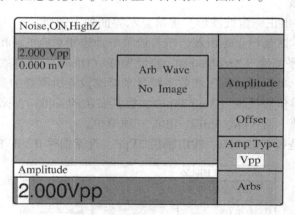 键，仪器输出任意波波形。屏幕显示界面如下图所示。

按右边菜单旁边相对应的 softkey，选中相应的输出电平幅值（Amplitude）、直流偏移（Offset）等参数。选中的参数在屏幕的左下方有相应显示。可以通过旋钮或数字键盘来修改设置所需要的参数。

屏幕上有一幅值单位转换项（Amp Type），按其右边的 softkey，来切换当前输出幅值在不同单位时的转换数值。有 Vpp、Vrms、dBm 三项单位。

按 Arbs 右边的 softkey，进入任意波选择界面，如下图所示。

Noise,ON,HighZ		
Down_Ramp	Sine_Verti	Inner Arbs
Noise	Sine_PM	
P_Pulse	Log	
N_Pulse	Exp	
P_DC	Round_Half	
N_DC	SinX/X	Select
Staircase	Square_Root	
Code_Pulse	Tangent	
Commute_Full	Cardio	
Commute_Half	Quake	
Sine_Trans	TTL	Cancel

可以通过旋钮和光标上下箭头来选择仪器内部已有的任意波形。选择完毕后按 Select 右边的 softkey 确认，否则按 Cancel 右边的 softkey 忽略。

4. 通道 B 输出波形选择

只有具有双路的仪器才有以下功能。

要使通道 B 输出相应的主波形，只要直接按相应的波形按键，就可以互相之间来回切换。只有当通道 A 为点频且波形为正弦波或方波时，才可以用波形按键设置通道 B 信号输出，但只能输出正弦波、方波、三角波和正锯齿波。在通道 A 为调幅（AM）时，通道 B 输出为调制信号波形；当通道 A 为调频时，通道 B 无波形输出。

（1）输出正弦波

按 ⌒ 键，通道 B 输出正弦波形。屏幕显示界面如下图所示。

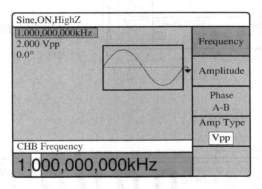

屏幕上的波形显示区显示正弦波。按右边菜单旁边相对应的 softkey，选中相应的频率（Frequency）、输出电平幅值（Amplitude）、A/B 相位差（Phase A-B）等参数。选中的参数在屏幕的左下方有相应显示。可以通过旋钮或数字键盘来修改设置所需要的参数。

屏幕上有一幅值单位转换项（Amp Type），按其右边的 softkey，来切换当前输出幅值在不同单位时的转换数值。有 Vpp、Vrms、dBm 三项单位。

仪器的默认输出是频率 1 kHz、输出幅值 2Vpp、相位差为 0.0° 的正弦波形。

（2）输出方波

按 ⊓ 键，通道 B 输出方波波形。设置同输出正弦波。

（3）输出三角波

按 $\sim$ 键，通道 B 输出三角波波形。设置同输出正弦波。

（4）输出正锯齿波

按 $\diagup$ 键，通道 B 输出正锯齿波形。设置同输出正弦波。

5. 通道 A 工作模式的选择

在仪器的前面板上有一排功能选择键。按相应的按键，仪器输出相应的调制功能波形。

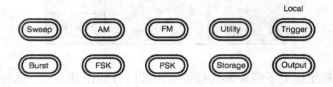

三、UT803 台式数字万用表

UT803 是 5999 计数 3 5/6 数位，自动量程真有效值数字台式万用表。可用于测量：真有效值交流电压和电流、直流电压和电流、电阻、二极管、电路通断、电容、频率、温度（℃）、h_{FE}、最大/最小值等参数，并具备 RS232C、USB 标准接口，具有数据保持、欠电压显示、背光和自动关机功能。

UT803 的前面板如下图所示。

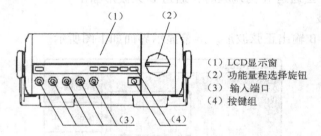

（1）LCD 显示窗
（2）功能量程选择旋钮
（3）输入端口
（4）按键组

UT803 的显示界面如下图所示。

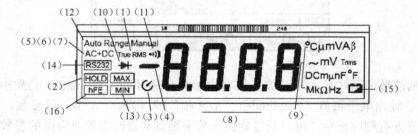

（1）True RMS：真有效值提示符

（2）HOLD：数据保持提示符

（3）$\circ$：自动关机功能提示符

（4）■■■：显示负的读数

（5）AC：交流测量提示符

（6）DC：直流测量提示符

128

（7）AC+DC：交流+直流测量提示符

（8）OL：超量程提示符

（9）单位提示符：见下表

（10）➤｜：二极管测量提示符

（11）•))）：电路通断测量提示符

（12）Auto Range、Manual：自动或手动量程提示符

（13）MAX MIN：最大或最小值提示符

（14）RS232：接口输出提示符

（15）📛：电池欠电压提示符

（16）HFE：晶体管放大倍数测量提示符

单位提示符	含 义
Ω，kΩ，MΩ	电阻单位：欧姆、千欧姆、兆欧姆
mV，V	电压单位：毫伏、伏
μA，mA，A	电流单位：微安、毫安、安培
nF，μF，mF	电容单位：纳法、微法、毫法
℃，℉	温度单位：摄氏度、华氏度
kHz，MHz	频率单位：千赫兹、兆赫兹
β	晶体管放大倍数单位：倍

1. 交直流电压测量

1）将红表笔插入"V"插孔，黑表笔插入"COM"插孔。

2）将功能旋钮开关置于"V∼"电压测量档，按"SELECT"键选择所需测量的交流或直流电压，并将表笔并联到待测电源或负载上。

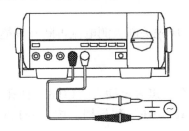

3）从显示器上直接读取被测电压值。交流测量显示值为真有效值。

4）表的输入阻抗均约为 10 MΩ（除 600 mV 量程为大于 3000 MΩ 外），仪表在测量高阻抗的电路时会引起测量上的误差。但是，大部分情况下，电路阻抗在 10 kΩ 以下，所以误差（0.1%或更低）可以忽略。

5）测量交流加直流电压的真有效值，必须按下 AC/AC+DC 选择按钮。

6）测得的被测电压值小于 600.0 mV，必须将红表笔改插入"mV"插孔，同时，利用"RANGE"按钮，使仪表处于手动"600.0 mV"档（LCD 屏有"MANUAL"和"mV"显示）。

注意：

● 不要输入高于 1000 V 的电压。测量更高的电压虽有可能，但仪表的安全是没有保

障的。

- 在测量高电压时，要特别注意避免触电。
- 在完成所有的测量操作后，要断开表笔与被测电路的连接。

2. 交直流电流测量

1）将红表笔插入"μA mA"或"A"插孔，黑表笔插入"COM"插孔。

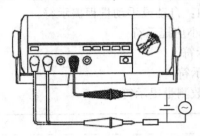

2）将功能旋钮开关置于电流测量档"μA mA"或"A"，按"SELECT"键选择所需测量的交流或直流电流，并将仪表表笔串联到待测回路中。

3）从显示器上直接读取被测电流值，交流测量显示真有效值。

4）测量交流加直流电流的真有效值，必须按下 AC/AC+DC 选择按键。

注意：

- 在仪表串联到待测回路之前，应先将回路中的电流关闭，否则有打火花的危险。
- 测量时应使用正确的输入端口和功能档位，如不能估计电流的大小，应从大电流量程开始测量。
- 大于 5 A 电流测量时，为了安全使用，每次测量时间应小于 10 s，间隔时间应大于15 min。
- 表笔插在电流输入端口上时，切勿把测试表笔并联到任何电路上，否则会烧断仪表内部熔断器，损坏仪表。
- 完成所有的测量操作后，应先关断被测电流再断开表笔与被测电路的连接。对大电流的测量更为重要。

3. 电阻测量

1）将红表笔插入"Ω"插孔，黑表笔插入"COM"插孔。

2）将功能旋钮开关置于"Ω ·ⁱ) ➔⊦"测量档，按"SELECT"键选择电阻测量，并将表笔并联到被测电阻上。

3）从显示器上直接读取被测电阻值。

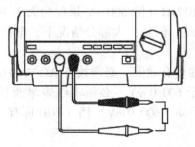

注意：
- 如果被测电阻开路或阻值超过仪表最大量程，显示器将显示"OL"。
- 当测量在线电阻时，测量前必须先将被测电路内的所有电源关断，并将所有电容器放尽残余电荷，才能保证测量正确。
- 在低阻测量时，表笔及仪表内部引线会带来 0.2~0.5 Ω 电阻的测量误差。为获得精确读数，应首先将表笔短路，记住短路显示值，在测量结果中减去表笔短路显示值，才能确保测量精度。
- 如果表笔短路时的电阻值不小于 0.5 Ω，应检查表笔是否有松脱现象或其他原因。
- 测量 1 MΩ 以上的电阻时，可能需要几秒钟后读数才会稳定。这对于高阻的测量属正常情况。为了获得稳定读数应尽量选用短的测试线。
- 不要输入高于直流 60 V 或交流 30 V 以上的电压，避免伤害人身安全。
- 在完成所有的测量操作后，要断开表笔与被测电路的连接。

4．电路通断测量

1）将红表笔插入"Ω"插孔，黑表笔插入"COM"插孔。

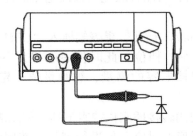

2）将功能旋钮开关置于"Ω"测量档，按"SELECT"键选择电路通断测量，并将表笔并联到被测电路负载的两端。如果被测电路两端之间的电阻<10Ω，则认为电路良好导通，蜂鸣器连续声响；如果被测电路两端之间的电阻>30Ω，则认为电路断路，蜂鸣器不发声。

3）从显示器上直接读取被测电路负载的电阻值，单位为 Ω。

注意：
- 当检查在线电路通断时，测量前必须先将被测电路内的所有电源关断，并将所有电容器的残余电荷放尽。
- 电路通断测量，开路电压约为-1.2 V，量程为 600 Ω 测量档。
- 不要输入高于直流 60 V 或交流 30 V 以上的电压，避免伤害人身安全。
- 在完成所有的测量操作后，要断开表笔与被测电路的连接。

5．二极管测量

1）将红表笔插入"Ω"插孔，黑表笔插入"COM"插孔。红表笔极性为"+"，黑表笔极性为"–"。

2）将功能旋钮开关置于"Ω ·)) ►┤"测量档，按"SELECT"键选择二极管测量，红表笔接到被测二极管的正极，黑表笔接到二极管的负极。

3）从显示器上直接读取被测二极管的近似正向 PN 结结电压。对硅 PN 结而言，一般为 500~800 mV，确认为正常值。

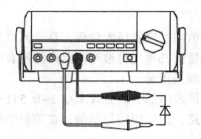

注意：

- 如果被测二极管开路或极性反接时，显示"OL"。
- 当测量在线二极管时，测量前必须首先将被测电路内的所有电源关断，并将所有电容器的残余电荷放尽。
- 二极管测试开路电压约为 2.7 V。
- 不要输入高于直流 60 V 或交流 30 V 以上的电压，避免伤害人身安全。
- 在完成所有的测量操作后，要断开表笔与被测电路的连接。

6. 电容测量

1）将红表笔插入"Hz Ω mV"插孔，黑表笔插入"COM"插孔。

2）将功能旋钮开关置于"⊣⊢"档位，此时仪表会显示一个固定读数，此数为仪表内部的分布电容值。对于小量程档电容的测量，被测量值一定要减去此值，才能确保测量精度。

3）在测量电容时，可以使用转接插座代替表笔插入图示表笔的位置（"+""−"应该对应）；将被测电容插入转接插座的对应孔位进行测量。使用转接插座，对于小量程档电容的测量将更正确、稳定。

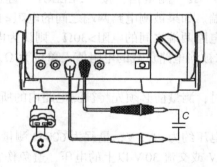

注意：

- 如果被测电容短路或容值超过仪表的最大量程显示器将显示"OL"。
- 对于大于 600 μF 电容的测量，会需要较长的时间。
- 测试前必须将电容全部放尽残余电荷后再输入仪表进行测量，对带有高压的电容尤为重要，避免损坏仪表和伤害人身安全。
- 在完成测量操作后，要断开表笔与被测电容的连接。

7. 频率测量

1）将红表笔插入"Hz"插孔，黑表笔插入"COM"插孔。

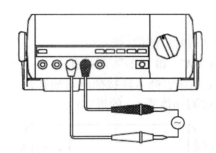

2）将功能旋钮开关置于"Hz"测量档位，按"SELECT"键选择 Hz 测量。并将表笔并联到待测信号源上。

3）从显示器上直接读取被测频率值。

注意：

- 测量时必须符合输入幅值 a 的要求：

  10 Hz～1 MHz 时：150 mV $\leqslant a \leqslant$ 30Vrms；

  >1～10 MHz 时：300 mV $\leqslant a \leqslant$ 30Vrms；

  >10～50 MHz 时：600 mV $\leqslant a \leqslant$ 30Vrms；

  >50 MHz 时：未指定。

- 不要输入高于 30Vrms 被测频率电压，避免伤害人身安全。

- 在完成所有的测量操作后，要断开表笔与被测电路的连接。

8. 温度测量

1）将功能旋钮开关置于"℃"档位。

2）将转接插座插入"Hz"及"COM"两插孔。将温度 K 型插头按图示插入对应孔位。

3）用温度探头探测被测温度表面，数秒后从 LCD 上直接读取被测温度值。在进行华氏温度测量时，功能旋钮开关置于"Hz ℉"档位，按"SELECT"键选择"℉"测量。

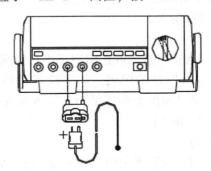

注意：

- 仪表所处环境温度不得超出 18～23℃ 范围，否则会造成误差，对低温测量会更为明显。

- 不要输入高于直流 60 V 或交流 30 V 以上的电压，避免伤害人身安全。

- 仪表测常温时，若开路、短路有差别，以输入短路为准。

- 在完成所有的测量操作后，取下温度探头。

9. 晶体管 h_{FE} 测量

1）将功能旋钮开关置于 "hFE" 档位。

2）将转接插座插入 "μA mA" 和 "Hz" 两插孔。

3）将被测 NPN 或 PNP 型晶体管插入转接插座对应孔位。

4）从显示器上直接读取被测晶体管 h_{FE} 的近似值。

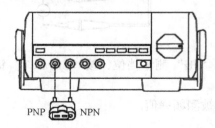

注意：

• 不要输入高于直流 60 V 或交流 30 V 以上的电压，避免伤害人身安全。

• 在完成所有的测量操作后，取下转接插座。

10. 数据保持（HOLD）

在任何测量情况下，当按下 HOLD 键时，LCD 显示 **HOLD**，仪表随即保持显示测量结果，进入保持测量模式。再按一次 HOLD 键，仪表退出保持测量模式，随机显示当前测量结果。

11. 手动量程选择（RANGE）

按此键退出自动量程（Auto）进入手动量程（Manual）模式。当按下时间超过 1 s 则退出手动量程（Manual）重返自动量程（Auto）模式。

12. 最大、最小值测量（MAX/MIN）

按此键开始保持最大、最小值。逐步按此键可依次循环显示最大、最小值。若按下时间超过 1 s 则退出最大、最小值测量模式。

13. 串行数据输出（RS232）

按此键（RS232）可以使仪表接口进入或退出测量串行数据输出状态，在数据输出状态下仪表无自动关机功能，LCD "ʊ" 显示熄灭。如果仪表进行 HOLD、MAX/MIN 等操作，LCD 按相应操作显示数据，但接口输出数据还是当前输入端测量的随机值。接口串行数据输出中没有符号 "+DC" "hFE" 和 "β"。

14. LCD 背光控制（LIGHT）

按此键 LCD 背光打开，再按一次背光关闭。在交流供电时背光常亮，此键不起作用。

15. 功能选择（SELECT）

当测量功能复合在同一个功能位置时，按此键（SELECT）可以选择所需要的测量功能。

16. 供电选择开关（AC/DC）

（AC）220 V/50 Hz 或（DC）二号电池/R20（1.5 V×6 节）

17. 电源开关（POWER）

供电电源开或关。

18. 交流、交流+直流选择按键开关（AC/AC+DC）

本选择按键是在交流测量时，选择测量交流还是交流+直流，所以只有在功能旋钮开关选择"V～"（"mV～"手动）"μA～""mA～"或"A～"，按"SELECT"键选择"AC"测量时，本选择按键才有用。按"SELECT"键选择"DC"测量时，请不要按下本选择按键，否则"+DC"将显示。

19. 自动关机功能✆

当LCD显示符号✆，且约10 min内没有转动功能旋钮开关或使用HOLD按键等操作时，显示器将消隐显示，同时保存消隐前最后一次测量数据，随即仪表进入微功耗休眠状态。如要唤醒仪表重新工作，除了关闭电源开关后重新打开外，只要按一次HOLD按键即可。唤醒仪表后，LCD显示消隐前的最后一次测量数据并处于HOLD模式。转动旋钮开关也能唤醒仪表，但不保持消隐前的最后一次测量数据。在开机的同时按下MAX/MIN、RANGE、REL或RS232键中的任何一个键都可以关闭自动关机功能，并消隐提示符号✆。

四、TH1912 型数字交流毫伏表

交流毫伏表是高灵敏度、宽频带的交流电压测量仪器。TH1912 型数字交流毫伏表是 4½ 位双VFD显示单通道数字交流毫伏表，也可作功率计和电平表使用。

TH1912 型数字交流毫伏表有很宽的测量范围，特点如下：

- 测量电压范围：50 μV ～ 300 Vrms，500 V 峰值。
- 测量功率电平：−83.8 ～ 51.76 dBm。
- 测量功率：0.00417 nW ～ 150 W（负载电阻 $R = 600\ \Omega$，负载电阻可设）。
- 测量电压电平 dBV 范围：−86 ～ 49.54 dBV。
- 测量电压电平 dBmV 范围：−26 ～ 109.5 dBmV。
- 测量电压电平 dBμV 范围：34 ～ 169.54 dBμV。

TH1912 型数字交流毫伏表的前面板如下图所示。

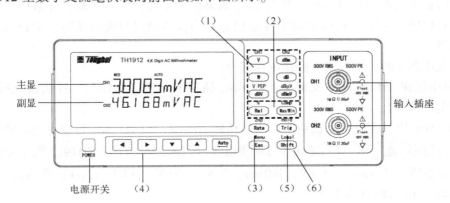

（1）功能键

选择测量功能：交流电压有效值（V）、电压峰峰值（Vpp）、功率（W）、功率电平（dBm）、电压电平（dBV、dBmV、dBμV）、相对测量值（dB）。

（2）数学键

打开或关闭数学功能（Rel/%，Max/Min/Comp）。

（3）速度和第二显示开关

（Rate）：依次设置仪器测量速度为 Fast、Medium 和 Slow。

（Shift）+（Rate）：打开和关闭第二显示（即副显）。

（4）菜单、量程操作键

（Shift）+（Esc）：打开/关闭菜单。

（◄）：在同一级菜单左移可选项或在第二显示打开后左移选择副参数组合显示（即另一通道的所有功能显示）。

（►）：在同一级菜单右移可选项或在第二显示打开后右移选择副参数组合显示。

（▲）：移动菜单到上一级或到上一个高量程。

（▼）：移动菜单到下一级或到下一个低量程。

（Auto）：保存"参数"级的参数改变或使能/取消自动量程。

（Esc）：在数值设置时，取消数值的设定，回到"命令"级。

（5）Trig/Hold 键

（Trig）：从前面板触发一次测量。

（Shift）+（Trig）：锁定一个稳定的读数。

（6）Shift/Local 键

（Shift）：使用该键配合访问上档键（即按键上面用蓝色字体标记后的功能）。

（Shift）+（Shift）：取消 RS232 远程控制模式。

当打开电源时，TH1912 数字交流毫伏表会依内部 EPROM 和 RAM 的设定做自检测试，并且会将屏幕上所有的显示信息打开近 1 s。如果检测出任何仪器故障，屏幕中央会显示出错误的信息代码，并出现 ERR 的屏幕显示信息。当仪器通过自检测试时，会显示仪器当前的版本代号。

进行电压测量时，可按以下操作流程进行：

1）将电压探头 BNC 接到交流毫伏表 BNC 插座上（测小电压时，探头接地线尽量短，以防干扰电压接入）。

2）按 Auto 键锁定自动量程功能。当启动此功能后，AUTO 标记将被点亮。如果想用手动量程，可使用（▲）和（▼）键选择与期望电压一致的测量范围。TH1912 数字交流毫伏表的电压测量范围为 3.8 mV、38 mV、380 mV、3.8 V、38 V、300 V（500 V 峰值），最高分辨率是 0.1 μV（在 3.8 mV 量程）。

3）读取显示屏上的读数。

五、GPS-3303C 型直流稳压电源

GPS-3303C 型直流稳压电源具有 3 组独立直流电源输出，3 位数字显示器；可同时显示两组电压及电流，具有过载及反向极性保护等功能。

GPS-3303C 型直流稳压电源的前面板如下图所示。

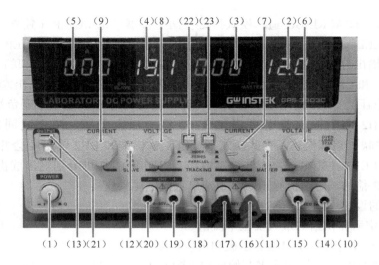

（1）POWER：电源开关。

（2）Meter V：显示 CH1 或 CH3 的输出电压。

（3）Meter A：显示 CH1 或 CH3 的输出电流。

（4）Meter V：显示 CH2 或 CH4 的输出电压。

（5）Meter A：显示 CH2 或 CH4 的输出电流。

（6）VOLTAGE Control Knob：调整 CH1 输出电压。在并联或串联追踪模式时，用于 CH2 最大输出电压的调整。

（7）CURRENT Control Knob：调整 CH1 输出电流，并在并联模式时，用于 CH2 最大输出电流的调整。

（8）VOLTAGE Control Knob：用于独立模式的 CH2 输出电压的调整。

（9）CURRENT Control Knob：用于 CH2 输出电流的调整。

（10）OVERLOAD 指示灯：当 CH3 输出负载大于额定值时，此灯就会亮。

（11）C. V. ／C. C. 指示灯：当 CH1 输出在恒压源状态时，或在并联或串联追踪模式，CH1 和 CH2 输出在恒压源状态时，C. V. 灯（绿灯）就会亮。当 CH1 输出在恒流源状态时，C. C. 灯（红灯）就会亮。

（12）C. V. ／ C. C. 指示灯：当 CH2 输出在恒压源状态时，C. V. 灯（绿灯）就会亮。在并联追踪模式，CH2 输出在恒流源状态时，C. C. 灯（红灯）就会亮。

（13）输出指示灯：输出开关指示灯。

（14）"+" 输出端子：CH3 正极输出端子。

（15）"-" 输出端子：CH3 负极输出端子。

（16）"+" 输出端子：CH1 正极输出端子。

（17）"-" 输出端子：CH1 负极输出端子。

（18）GND 端子：大地和底座接地端子。

（19）"+" 输出端子：CH2 正极输出端子。

（20）"-" 输出端子：CH2 负极输出端子。

（21）输出开关：打开/关闭输出。

（22），（23）TRACKING& 追踪模式按键：两个按键可选 INDEP（独立）、SERIES（串联）或 PARALLEL（并联）的追踪模式。当两个按键都未按下时，在 INDEP（独立）模式，CH1 和 CH2 的输出分别独立；只按下左键，不按右键时，在 SERIES（串联）追踪模式。在此模式下，CH1 和 CH2 的输出最大电压完全由 CH1 电压控制（CH2 输出端子的电压追踪 CH1 输出端子电压），CH2 输出端子的正端（红）则自动与 CH1 输出端子负端（黑）连接，此时 CH1 和 CH2 两个输出端子可提供 0～2 倍的额定电压。两个键同时按下时，在 PARALLEL（并联）追踪模式。在此模式下，CH1 输出端和 CH2 输出端会并联起来，其最大电压和电流由 CH1 主控电源供应器控制输出。CH1 和 CH2 可分别输出或由 CH1 提供 0～额定电压和 0～2 倍的额定电流输出。多组输出直流电源供应器。

1. 限流点的设定（CURRENT LIMIT）

1）首先确定所需供给的最大安全电流值。

2）用测试导线暂时将输出端的正极和负极短路。

3）将 VOLTAGE 控制旋钮从零开始旋转直到 C. C. 灯亮起。

4）调整 CURRENT 控制旋钮到所需的限制电流，并从电流表上读取电流值。此时，限流点（超载保护）已经设定完成，请勿旋转电流控制旋钮。

5）消除第二步骤的输出端正极和负极的短路，连接恒压源操作。

2. 电压/恒电流的特性（Constant Voltage/Constant Current）

本系列电源供应器的工作特性为恒电压/恒电流自动交越的形式，即当输出电流达到预定值时，可自动将电压稳定性转变为电流稳定性的电源供给行为；反之亦然。

3. 操作模式

（1）独立操作模式（Independent）

CH1 和 CH2 电源供应器在额定电流时，分别可供给 0～额定电压的输出。当设定在独立模式时，CH1 和 CH2 为分别独立的两组电源供应器，可单独或两组同时使用。其操作方法如下：

- 同时将两个 TRACKING 选择按键按出，将电源供应器设定在独立操作模式。
- 调整电压和电流旋钮以取得所需电压和电流值。
- 关闭电源，连接负载后，再打开电源。
- 将红色测试导线插入输出端的正极。
- 将黑色测试导线插入输出端的负极。

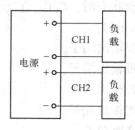

连接方法请参照上图所示。

（2）串联追踪模式（Series Tracking）

当选择串联追踪模式时，CH2 输出端正极将主动与 CH1 输出端的负极连接。而最大输出电压（串联电压）即由两组（CH1 和 CH2）输出电压相互串联成一多样化的单体控制电压。由 CH1 电压控制旋钮即可控制 CH2 输出电压，自动设定和 CH1 相同变化量的输出电压。其操作方法如下：

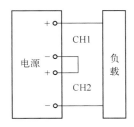

- 按下左边 TRACKING 的选择按键，松开右边按键，将电源供应器设定在串联追踪模式。
- 在串联模式下，实际的输出电压值为 CH1 表头显示的 2 倍，而实际输出电流值则可直接从 CH1 或 CH2 电流表头读值得知。将 CH2 电流控制旋钮顺时针旋转到底，CH2 的最大电流输出随 CH1 电流设定值而改变。参考"限流点的设定"设定 CH1 的限流点（超载保护）。
- 在串联模式时，也可使用电流控制旋钮来设定最大电流。流过两组电源供应器的电流必须相等；其最大限流点取两组电流控制旋钮中较低的一组读值。使用 CH1 电压控制旋钮调整所需的输出电压。
- 关闭电源，连接负载后，再打开电源。
- 假如只需单电源供应，则将测试导线的一条接到 CH2 的负端，另一条接 CH1 的正端，而此两端可提供 2 倍主控输出电压显示值及电流显示值。
- 假如想得到一组共地的直流电源，则按下图的接法，将 CH1 的负端（黑色端子）当共地点，可得到正电压（CH1 表头显示值）及正电流（CH1 表头显示值），而 CH2 输出负极对共地点，则可得到与 CH1 输出电压值相同的负电压，即所谓追踪式串联电压。

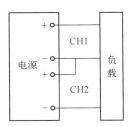

（3）并联追踪模式（Parallel Tracking）

在并联追踪模式时，CH1 输出端正极和负极会自动和 CH2 输出端正极和负极两两相互并联接在一起，而此时，CH1 表头显示 CH1 输出端的额定电压值，及 2 倍的额定电流输出。

将 TRACKING 的两个按键都按下，设定为并联模式。

从 CH1 电压表可读出输出电压值。因每一部电源供应等量的电流，故 CH1 电流表可读出 2 倍的输出电流值。

因为在并联模式时，CH2 的输出电压、电流完全由 CH1 的电压和电流旋钮控制，并且追踪于 CH1 输出电压和电流（CH1 和 CH2 的电压和电流输出完全相等）。使用 CH1 电流旋钮来设定限流点（超载保护），请参考限流点的设定步骤。CH1 电源的实际输出电流为电流表显示值的 2 倍。其操作方法如下：

- 使用 CH1 电压控制旋钮调整所需的输出电压。
- 关闭电源，连接负载后，再打开电源。
- 将装置的正极连接到电源供应器的 CH1 输出端子的正极（红色端子）。

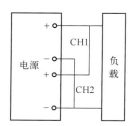

- 将装置的负极连接到电源供应器的 CH1 输出端子的负极（黑色端子），请参照上图。

4. CH3 输出操作

CH3 输出端可提供 2.2~5.2 V（GPS－4303C/4302C）直流输出电压及 3 A（GPS－3303C/4302C）和 1A（GPS－4303C）的输出电流，对 TTL 逻辑线路提供其 5 V（GPS－3303C）的工作电压，非常方便实用。其操作方法如下：

- 关闭电源，连接负载后，再打开电源。
- 将装置的正极连接到电源供应器的 CH3 输出端的正极（红色端子）。
- 将装置的负极连接到电源供应器的 CH1 输出端的负极（黑色端子）。

假如前面板的 OVERLOAD 红色指示灯亮，则表示已超过最大额定电流（超载），此时输出电压及电流将逐渐降低以执行保护功能。若要恢复 CH3 输出，则必须减轻负载量（GPS－3303C/4302C 的电流需求量不可超过 3 A，GPS－4303C 不可超过 1 A）直到 OVERLOAD 红色指示灯熄灭。

5. 输出的 ON/OFF

输出的 ON/OFF 由一个单一的开关控制，按下此开关，输出的 LED 会亮，开始输出，再按一下弹起此开关，或按下追踪的开关，则停止输出。

实 验 报 告

实验报告 1：常用电子仪器的使用练习实验

一、实验目的

1. 熟悉常用电子仪器的功能、基本操作和使用方法。
2. 掌握用函数信号发生器产生各种波形的基本方法。
3. 掌握用示波器观察和测量各种波形参数的方法。

二、实验仪器及器件（实际实验中用到的，注明仪器和器件型号）

三、基本实验内容

（一）示波器、函数信号发生器和交流毫伏表的使用练习

1. 示波器的检查与校准

自检波形：

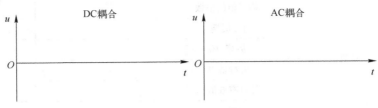

表 2.1.1　自检信号测试结果

数格读图	测量值	TIME/DIV 读数	250 μs
		一周期所占格数	
		VOLTS/DIV 读数	1 V
	计算值	信号周期/s	
		频率/Hz	
		峰峰值/V	
游标测量	测量值	周期/s	
		峰峰值/V	
	计算值	频率/Hz	
示波器测量值		峰峰值	
		周期	
		频率	

2. 用示波器和交流毫伏表观测正弦波信号
波形记录（标注耦合方式）：

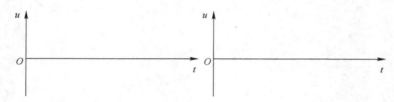

表 2.1.2　示波器、交流毫伏表测量正弦交流信号

被测正弦信号			2 kHz 2Vpp	0.2 ms 1Vrms
数格读图	测量值	TIME/DIV 读数	100 μs	50 μs
		一周期所占格数		
		VOLTS/DIV 读数	500 mV	500 mV
		峰峰值的格数		
	计算值	信号周期/s		
		频率/Hz		
		峰峰值/V		
		计算有效值/V		
游标测量	测量值	周期/s		
		峰峰值/V		
	计算值	频率/Hz		
		计算有效值/V		
毫伏表测量值		有效值/V		

3. 用示波器观测矩形波信号
波形记录（标注耦合方式）：

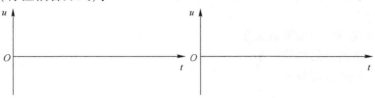

表 2.1.3　示波器测量矩形波信号

被测矩形波信号			2 kHz 50% 2Vpp（0~2 V）	0.5 ms 80% 2Vpp（-1~1 V）
实际加入的直流偏移量/V				
数格读图	测量值	TIME/DIV 读数	100 μs	100 μs
		高电平所占格数		
		一周期所占格数		
		VOLTS/DIV 读数	500 mV	500 mV
		峰峰值的格数		
	计算值	信号周期/s		
		频率/Hz		
		峰峰值/V		
		占空比		
游标测量	测量值	高电平的时间		
		周期/s		
		峰峰值/V		
	计算值	频率/Hz		
		占空比		

（二）直流稳压电源和万用表的使用练习

表 2.1.4　万用表测量直流稳压电源的输出电压

稳压电源输出电压/V	+12	+15	-15
万用表测量值/V			

波形记录（标注耦合方式）：

四、扩展实验内容
扩展实验内容的实验报告，请在附页中完成。（可另附页）

五、思考题

使用示波器观察信号时，分析出现下列情况的主要原因，应如何调节？

① 波形不稳定。

② 屏幕上所视波形的周期数太多。

③ 屏幕上所视波形的幅值过小。

④ 看不到信号的直流分量。

六、实验总结

记录本次实验中遇到的各种情况（例如实验中遇到的问题、故障及其分析和处理方法），总结实验体会。

附页 扩展实验任务

同频率正弦信号相位差的测量

波形记录（标注耦合方式）：

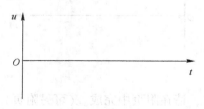

146

表 2.1.5　同频率正弦信号相位差的测量

测量值	两信号水平方向的间隔	
	信号周期	
	u_i 和 u_o 相位超前或滞后关系	
计算值	相位差	

得分　　　　　　　　　评阅教师　　　　　　

实验报告 2：晶体管放大电路的研究实验

一、实验目的

1. 掌握晶体管好坏的判断方法和晶体管直流放大倍数 β 的测量方法。

2. 掌握单级共射放大电路静态工作点的设置与调试方法。

3. 掌握基本放大电路电压放大倍数、输入电阻、输出电阻、最大不失真输出电压以及幅频特性的测试方法。

4. 进一步熟悉常用电子仪器的使用方法。

5. 了解晶体管单级共集电极放大电路的设计方法。

二、实验仪器及器件（实际实验中用到的，注明仪器和器件型号）

三、基本实验内容

（一）静态工作点的测量

1. 调整静态工作点，完成以下表格。

表 2.2.1　静态工作点对输出波形的影响数据记录

记　录　项		饱　和　失　真	截　止　失　真	既饱和又截止失真
静态工作点	测量值	$U_B =$ $U_C =$ $U_E =$ $R_{b2} =$	$U_B =$ $U_C =$ $U_E =$ $R_{b2} =$	$U_B =$ $U_C =$ $U_E =$ $R_{b2} =$
	计算值	$U_{BEQ} =$ $U_{CEQ} =$ $I_{CQ} =$	$U_{BEQ} =$ $U_{CEQ} =$ $I_{CQ} =$	$U_{BEQ} =$ $U_{CEQ} =$ $I_{CQ} =$

记 录 项	饱 和 失 真	截 止 失 真	既饱和又截止失真
波形参数	U_{ipp}（峰峰值）＝ u_o（顶端值）＝ u_o（底端值）＝	U_{ipp}（峰峰值）＝ u_o（顶端值）＝ u_o（底端值）＝	U_{ipp}（峰峰值）＝ u_o（顶端值）＝ u_o（底端值）＝
输入、输出波形			

2. 分析波形失真的原因，总结晶体管放大电路进行最佳工作点调整的目的。

（二）动态性能指标的测量

1. 电压放大倍数 A_u 的测量

表 2.2.2　电压放大倍数的测试数据记录

条　件	U_i	U_o	$\mid \dot{A}_u \mid$
$R_c = 2\,k\Omega$，$R_L = \infty$			
$R_c = 2\,k\Omega$，$R_L = 2\,k\Omega$			
$R_c = 1\,k\Omega$，$R_L = \infty$			

2. 输入电阻 R_i 的测量（$R_s = 2\,k\Omega$，$R_c = 2\,k\Omega$，负载开路）

表 2.2.3　输入电阻的测试数据记录

R_s	U_s	U_i	R_i
$2\,k\Omega$			

3. 输出电阻 R_o 的测量（负载开路）

表 2.2.4　输出电阻的测试数据记录

R_c	U_o'	U_o	R_o
$2\,k\Omega$			
$1\,k\Omega$			

4. 最大不失真输出电压 U_{om} 的测量

最大不失真输出电压的峰峰值 U_{om} 为_____，静态工作点为_____。

5. 幅频特性的测量，并画出幅频特性曲线（$R_c = 2\,k\Omega$、负载开路）

表 2.2.5　幅频特性的测试数据记录

f/Hz	f_1	f_L	f_2	f_3	f_4	f_M	f_5	f_6	f_H	f_7
U_i/V										
U_o/V										
$\mid A_u \mid$										

幅频特性曲线：

6. 总结影响 A_u 的因素有哪些？R_i 对放大电路输入端外特性有何影响？R_o 对放大电路输出端外特性有何影响？

四、扩展实验内容

扩展实验内容的实验报告，请在附页中完成。（可另附页）

五、实验仿真

将所有实验电路进行仿真，打印仿真电路图，附在实验报告后。

六、思考题

1. 当调节偏置电阻 R_{b2} 使输出波形出现饱和失真或截止失真时，晶体管的管压降 U_{CE} 如何变化？

2. 分别增大或减小电阻 R_{b2}、R_c、R_L、R_e 及电源电压 V_{CC}，对放大电路的静态工作点及动态性能指标有何影响？为什么？

3. 调整静态工作点时，R_{b2} 要用一个固定电阻与电位器相串联，而不能直接用电位器，为什么？

4. 在测量放大倍数时，为什么使用交流毫伏表，而不使用万用表？怎样测量 R_{b2} 阻值？

5. 测量输入电阻时，选取的串入电阻过大或过小，则会出现测量误差，请分析误差产生的原因。

七、实验总结

记录本次实验中遇到的各种情况（例如实验中遇到的问题、故障及其分析和处理方法），总结实验体会。

射极跟随器的测试

1. 实验过程及实验数据

2. 实验结论（根据测量数据，总结射极跟随器的电路特点）

得分＿＿＿＿＿＿＿ 评阅教师＿＿＿＿＿＿＿

实验报告3：分立元器件负反馈放大电路实验

一、实验目的

1. 掌握两级阻容耦合放大电路的静态工作点的调试和动态性能指标的测量方法。
2. 掌握分立元器件负反馈放大电路的动态性能指标的测量方法。
3. 加深理解负反馈对放大电路性能指标的影响。
4. 进一步熟悉常用电子仪器的基本操作和使用方法。

二、实验仪器及器件（实际实验中用到的，注明仪器和器件型号）

三、基本实验内容

（一）静态工作点的测量

表 2.3.1 静态工作点的测试

晶 体 管	U_{BQ}	U_{CQ}	U_{EQ}	U_{CEQ}
VT$_1$				
VT$_2$				

（二）负反馈对放大电路动态性能的影响

表 2.3.2 动态性能的测试

测 量 电 路	测 量 数 据				
基本放大电路	u_i/mV	u_o/V	u_{oL}/V	f_H/kHz	f_L/Hz
负反馈放大电路	u_{if}/mV	u_{of}/V	u_{oLf}/V	f_{Hf}/kHz	f_{Lf}/Hz

表 2.3.3 动态性能的分析

测 量 电 路	计 算 数 据			
基本放大电路	A_u	A_{uL}	R_i/kΩ	R_o/kΩ
负反馈放大电路	A_{uf}	A_{uLf}	R_{if}/kΩ	R_{of}/kΩ

表 2.3.4 输入电阻的测量

测 量 电 路	R_s	u_s/mV	u_i/mV
基本放大电路			
负反馈放大电路			

（三）负反馈对非线性失真的影响

表 2.3.4 负反馈对非线性失真的影响

记　录　项	无负反馈	有负反馈
波形参数	U_{ipp}（峰峰值）= u_o（顶端值）= u_o（底端值）=	U_{ipp}（峰峰值）= u_o（顶端值）= u_o（底端值）=
输入、输出波形		

（四）总结本次实验数据，分析负反馈对放大电路的影响

四、扩展实验内容

扩展实验内容的实验报告，请在附页中完成。（可另附页）

五、实验仿真

将所有实验电路进行仿真，打印仿真电路图，附在实验报告后。

六、思考题

1. 若本实验的电压串联负反馈电路是深度负反馈，试估计其电压放大倍数。

2. 在测量电压放大倍数时，对信号源的频率有何要求？为什么信号源频率选择 1 kHz，而不选在 100 kHz 或更高的频率？

3. 如何根据信号源和负载，选择负反馈放大电路的种类？

七、实验总结

记录本次实验中遇到的各种情况（例如实验中遇到的问题、故障及其分析和处理方法），总结实验体会。

附页　扩展实验任务

其他类型负反馈放大电路

1. 实验过程及实验数据

2. 实验结论（根据测量数据，总结其他负反馈对放大电路性能的影响）

得分_____ 评阅教师_____

实验报告4：差分放大电路实验

一、实验目的

1. 掌握差分放大电路主要技术指标的测试方法。

2. 加深理解差分放大电路的性能及特点。

3. 熟悉基本差分放大电路与具有恒流源差分放大电路的性能差别，明确提高电路性能的措施。

二、基本实验内容

（一）长尾式差分放大电路

1. 静态工作点的测量

表 2.4.1　长尾式差分放大电路静态工作点的测量

记录项	测量							计算				
	U_{C1}	U_{C2}	U_{E1}	U_{E2}	U_{BE1}	U_{BE2}	U_{Re}	U_{CEQ1}	U_{CEQ2}	I_{CQ1}	I_{CQ2}	$I_{EQ} = I_{E1} + I_{E2}$
实测值												
理论值												

2. 动态性能指标的测量

表 2.4.2　长尾式差分放大电路动态性能的测量

电路形式	输入信号类型	U_{o1pp}/V	U_{o2pp}/V	U_{opp}/V	单端输出放大倍数	双端输出放大倍数	K_{CMR}
双端输入	差模 $U_{ipp} = 100\,mV$				VT$_1$		
					VT$_2$		
	共模 $U_{ipp} = 100\,mV$				VT$_1$		
					VT$_2$		
单端输入	差模、共模 $U_{ipp} = 200\,mV$				VT$_1$		——
					VT$_2$		

波形记录（双端输入差模信号的输入、输出波形及 VT$_1$、VT$_2$ 集电极输出波形）：

155

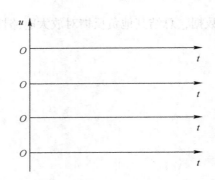

（二）具有恒流源的差分放大电路

表 2.4.3　具有恒流源的差分放大电路动态性能的测量

电路形式	输入信号类型	U_{o1pp}/V	U_{o2pp}/V	U_{opp}/V	单端输出放大倍数		双端输出放大倍数	K_{CMR}
双端输入	差模 $U_{ipp}=100$ mV				VT$_1$			
					VT$_2$			
	共模 $U_{ipp}=100$ mV				VT$_1$			
					VT$_2$			
单端输入	差模、共模 $U_{ipp}=200$ mV				VT$_1$			
					VT$_2$			

波形记录（双端输入共模信号的输入、输出波形及 VT$_1$、VT$_2$ 集电极输出波形）：

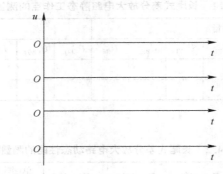

（三）总结本次实验数据，分析两种差分放大电路性能的差异及其原因

三、扩展实验内容

扩展实验内容的实验报告，请在附页中完成。（可另附页）

四、实验仿真

将所有实验电路进行仿真，打印仿真电路图，附在实验报告后。

五、思考题

1. 为什么要对差分放大电路进行调零？调零时能否用交流毫伏表来指示输出电压值？

2. 差分放大电路的差模输出电压是与输入电压的差还是和成正比？

3. 假设电路参数对称，加在差分放大电路两个晶体管基极的输入信号大小相等、相位相同时，输出电压等于多少？

六、实验总结

记录本次实验中遇到的各种情况（例如实验中遇到的问题、故障及其分析和处理方法），总结实验体会。

附页　扩展实验任务

设计差分放大电路

1. 实验过程及实验数据

2. 实验结论（根据测量数据，总结设计的差分放大电路的性能特点）

实验报告 5：功率放大电路实验

一、实验目的

1. 掌握 OCL、OTL 互补对称功率放大电路的调试方法。
2. 掌握 OCL、OTL 互补对称功率放大电路的性能指标的测量方法。
3. 观察交越失真，理解消除交越失真的原理。
4. 了解自举电路原理及其对改善 OTL 互补对称功率放大电路性能所起的作用。

二、基本实验内容

（一）OCL 互补对称功率放大电路的测试

1. 性能指标的测量

表 2.5.1　OCL 互补对称功率放大电路的性能指标测试数据

测　量　值				计　算　值		
U_{om}/V	I_1/mA	I_2/mA	V_{CC}/V	P_{om}/W	P_V/W	η

2. 交越失真的观察

波形记录：

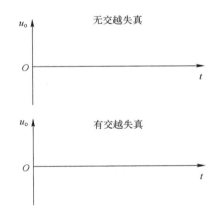

（二）分析实验数据，说明 P_{om} 和 η 偏离理论值的主要原因

三、扩展实验内容

扩展实验内容的实验报告，请在附页中完成。（可另附页）

四、实验仿真

将所有实验电路进行仿真，打印仿真电路图，附在实验报告后。

五、实验总结

记录本次实验中遇到的各种情况（例如实验中遇到的问题、故障及其分析和处理方法），总结实验体会。

附页 扩展实验任务

OTL 互补对称功率放大电路的测试

1. 性能指标的测量

表 2.5.2 OTL 互补对称功率放大电路的性能指标测试数据

测 试 项	测 量 值				计 算 值		
	U_{om}/V	I_1/mA	I_2/mA	V_{CC}/V	P_{om}/W	P_V/W	η
有自举							
无自举							

2. 观察交越失真

3. 实验结论（根据测量数据，总结 OTL 互补对称功率放大电路的特点，说明自举的作用）

得分＿＿＿＿＿＿　评阅教师＿＿＿＿＿＿

实验报告 6：集成负反馈放大电路实验

一、实验目的

1. 熟悉由集成运算放大器组成的负反馈放大电路的特性。
2. 掌握深度负反馈条件下各项性能的测试方法。
3. 掌握负反馈放大电路电压传输特性曲线测量的方法。
4. 学习使用集成运算放大器时的检验好坏、调零及消振的方法。
5. 进一步熟悉常用电子仪器的使用方法。

二、实验仪器及器件（实际实验中用到的，注明仪器和器件型号）

三、基本实验内容

（一）电压并联负反馈电路

1. 调零

实测失调电压为_____。

2. 观察并记录电路的电压传输特性曲线，分析其含义。

3. 测量电路的电压放大倍数 A_{uf}、输入电阻 R_{if}、输出电阻 R_{of}。（自拟表格）

4. 根据实验数据总结引入电压并联负反馈对放大电路的影响。

（二）电压串联负反馈电路

1. 调零

实测失调电压为_____。

2. 观察并记录电路的电压传输特性曲线，分析其含义。

3. 测量电路的电压放大倍数 A_{uf}、输入电阻 R_{if}、输出电阻 R_{of}。（自拟表格）

4. 根据实验数据总结引入电压串联负反馈对放大电路的影响。

四、扩展实验内容

扩展实验内容的实验报告，请在附页中完成。（可另附页）

五、实验仿真

将所有实验电路进行仿真，打印仿真电路图，附在实验报告后。

六、实验总结

记录本次实验中遇到的各种情况（例如实验中遇到的问题、故障及其分析和处理方法），总结实验体会。

附页　扩展实验任务

用运算放大器构成一个负反馈放大器，要求 $A_{uf} = 10$，输入阻抗 $R_{if} > 1\,\text{M}\Omega$。

1. 实验过程与数据

2. 实验结论

得分＿＿＿＿＿ 评阅教师＿＿＿＿＿

实验报告7：集成运放电路的基本应用实验

一、实验目的

1. 掌握集成运算放大器的正确使用方法。

2. 掌握用集成运算放大器构成的各种基本运算电路的调试方法。

3. 学习使用集成运算放大器时的检验好坏、调零及消振的方法。

4. 进一步熟悉常用电子仪器的使用方法。正确学习使用示波器交流输入方式和直流输入方式观察波形的方法。掌握输入、输出波形的测量和描绘方法。

二、实验仪器及器件（实际实验中用到的，注明仪器和器件型号)

三、基本实验内容

（一）反相比例运算电路

表 2.7.1　反相比例运算电路的测量数据

输入电压	参考值/V	-0.4	-0.2	0	0.2	0.4
	实测值/V					
输出电压	理论估算值/V					
	实测值/V					
	相对误差			—		

164

（二）同相比例运算电路

表 2.7.2 同相比例运算电路的测量数据

输入电压	参考值/V	-0.4	-0.2	0	0.2	0.4
	实测值/V					
输出电压	理论估算值/V					
	实测值/V					
	相对误差			—		

（三）电压跟随器

表 2.7.3 电压跟随器的测量数据

输入电压	参考值/V	0.5		1	
	实测值/V				
测试条件		$R_s = 10\,k\Omega$ $R_f = 10\,k\Omega$ R_L 开路	$R_s = 10\,k\Omega$ $R_f = 10\,k\Omega$ $R_L = 100\,\Omega$	$R_s = 0\,k\Omega$ $R_f = 0\,k\Omega$ R_L 开路	$R_s = 0\,k\Omega$ $R_f = 0\,k\Omega$ $R_L = 100\,\Omega$
输出电压	理论估算值/V				
	实测值/V				
	相对误差				

（四）反相加法运算电路

输出电压的测量

（1）输入信号 $u_{i1} = 2\,V$，$u_{i2} = -0.5\,V$

输出电压理论值：

输出电压实测值：

（2）u_{i1} 不变，u_{i2} 为 $f = 500\,Hz$、幅值为 $0.5\,V$ 的正弦波信号

波形记录（用坐标纸画）：

（五）加减运算电路

1. 单运放加减运算电路

输入信号 $u_{i1} = 1\,V$，$u_{i2} = 0.5\,V$

输出电压理论值：

输出电压实测值：

2. 双运放加减运算电路

（1）输入信号 $u_{i1} = 0.5\,V$，$u_{i2} = 0.2\,V$，$u_{i3} = 2\,V$

输出电压理论值：

输出电压实测值：

（2）设计的电路实现运算关系：$u_o = 12u_{i1} + 6u_{i2} - 8u_{i3}$

电路参数：

输入信号 $u_{i1} = u_{i2} = u_{i3} = 1\,\text{V}$

输出电压理论值：

输出电压实测值：

（六）积分运算电路

1. 方波输入：250 Hz，±1 V

表 2.7.4　积分运算电路的测量数据

条　件	输入 u_i			输出 u_o		
	波　形	周　期	幅　值	波　形	周　期	幅　值
$R_1 = R_P = 10\,\text{k}\Omega$	用坐标纸画			用坐标纸画		
$R_1 = R_P = 1\,\text{k}\Omega$	用坐标纸画			用坐标纸画		

波形记录：

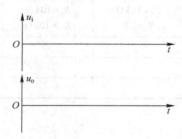

2. 正弦波输入：$f = 250\,\text{Hz}$，$U_{ipp} = 2\,\text{V}$

波形记录：

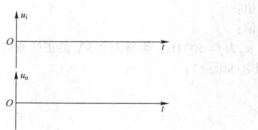

u_i 与 u_o 的相位差：　　　　　　　　u_o 超前还是滞后于 u_i？

（七）微分运算电路

1. 正弦波输入：$f = 250\,\text{Hz}$，$U_{ipp} = 2\,\text{V}$

波形记录：

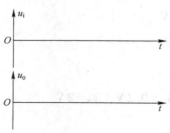

166

u_i 与 u_o 的相位差： u_o 超前还是滞后于 u_i？

2. 方波输入：$f = 250\,\text{Hz}$，$U_{\text{ipp}} = 100\,\text{mV}$
波形记录：

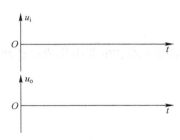

3. 三角波输入：$f = 250\,\text{Hz}$，$U_{\text{ipp}} = 2\,\text{V}$
将电容 C' 断开，输出会出现什么现象？
波形记录：

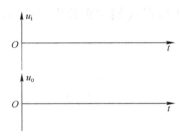

四、扩展实验内容

扩展实验内容的实验报告，请在附页中完成。（可另附页）

五、实验仿真

将所有实验电路进行仿真，打印仿真电路图，附在实验报告后。

六、思考题

1. 比例、求和等运算电路实验时，如果不先调零行吗？为什么？

2. 反相求和电路和同相求和电路一般多采用哪种？为什么？

3. 如果输入信号不是直流信号而是交流信号，上述实验能否成立？这时应当注意什么问题？

4. 分析实验数据，回答下列问题：

1）反相比例放大器和同相比例放大器的输出电阻、输入电阻各有什么特点？试用负反馈概念解释之。

2）比较反相求和电路与双端输入求和电路中集成运放块的共模输入电压，试说明哪个电路的运算精度高。

七、实验总结

记录本次实验中遇到的各种情况（例如实验中遇到的问题、故障及其分析和处理方法），总结实验体会。

附页　扩展实验任务

按要求设计电路。(选其中四个进行实测)

1. 实验过程与数据

2. 实验结论 (实际测量是否达到设计要求)

实验报告 8：电压比较器实验

一、实验目的
1. 掌握电压比较器的电路构成及特点。
2. 掌握用集成运算放大器构成的各种电压比较器的调试方法，进一步熟悉电压传输特性的测量方法。
3. 进一步熟悉常用电子仪器的使用方法。
4. 了解集成运算放大器的非线性应用及特点。

二、实验仪器及器件 （实际实验中用到的，注明仪器和器件型号）

三、基本实验内容
（一）过零电压比较器
波形记录：
输入、输出波形：

电压传输特性：

（二）反相滞回电压比较器
1. 输入直流信号
电压传输特性曲线：

2. 输入正弦波信号

波形记录：

输入、输出波形：

电压传输特性：

（三）同相滞回电压比较器

1. 输入直流信号

电压传输特性曲线：

2. 输入正弦波信号

波形记录：

输入、输出波形：

电压传输特性：

四、扩展实验内容

扩展实验内容的实验报告，请在附页中完成。（可另附页）

五、实验仿真

将所有实验电路进行仿真，打印仿真电路图，附在实验报告后。

六、思考题

1. 在本实验中对集成运算放大器是否需要调零？为什么？

2. 分析实验数据，总结各种电压比较器的特点，简述它们的应用。

七、实验总结

记录本次实验中遇到的各种情况（例如实验中遇到的问题、故障及其分析和处理方法），总结实验体会。

附页 扩展实验任务

按要求设计电路，完成一般单限电压比较器和窗口电压比较器的测试。

1. 实验过程与数据

2. 实验结论（分析各电压比较器的特点）

实验报告 9：波形发生电路

一、实验目的

1. 掌握各种波形发生电路的结构特点、工作原理和各参数对电路性能的影响。
2. 掌握波形发生电路的设计和调试方法。
3. 了解集成运算放大电路的非线性应用。

二、实验仪器及器件 （实际实验中用到的，注明仪器和器件型号）

三、基本实验内容

（一）正弦波发生电路

适当调节电位器 R_w，使电路产生振荡，输出为稳定的最大不失真正弦波。

波形记录：

最大不失真输出电压：
最小不失真输出电压：
正弦波频率　理论值：
　　　　　　　实测值：
计算反馈系数：
分析起振条件是如何满足的？

（二）方波发生电路

波形记录：

表 2.9.1　方波发生电路的测量数据

R_w		f	
		测　量　值	理　论　值
最大值			
最小值			

（三）三角波发生电路
波形记录：

表 2.9.2　三角波发生电路的测量数据

R_w		f	
		测　量　值	理　论　值
最大值			
最小值			

四、扩展实验内容

扩展实验内容的实验报告，请在附页中完成。（可另附页）

五、实验仿真

将所有实验电路进行仿真，打印仿真电路图，附在实验报告后。

六、思考题

1. 在正弦波产生电路中，如果发现 u_o 的波形接近方波，可能是什么原因？应调节哪个元器件？

2. 图 2.9.1 中的集成运算放大器工作于线性还是非线性状态？是否需要调零？估算 $C=0.01\,\mu F$，R 分别为 $10\,k\Omega$ 和 $100\,k\Omega$ 时的振荡频率 $f=$？

3. 正弦波发生电路中共有几个反馈支路？各有什么作用？

4. 图 2.9.2 的方波发生电路中，哪个元器件决定方波的幅值？哪些元器件影响方波的频率？集成运算放大器工作在什么状态？

5. 图 2.9.3 的三角波发生电路中的两个运放各起什么作用？工作在什么状态？u_{o1} 和 u_{o2} 应为何种波形？

七、实验总结

记录本次实验中遇到的各种情况（例如实验中遇到的问题、故障及其分析和处理方法），总结实验体会。

附页　扩展实验任务

按要求设计电路，完成方波–三角波电路和锯齿波电路的测试。

1. 实验过程与数据

2. 实验结论（分析电路参数如何影响方波–三角波电路和锯齿波电路的振荡频率和输出幅值）

实验报告 10：RC 有源滤波电路

一、实验目的

1. 掌握由集成运算放大器组成的 RC 有源滤波电路的工作原理。
2. 掌握 RC 有源滤波电路的工程设计方法。
3. 掌握滤波电路基本参数的测量方法。

二、实验仪器及器件（实际实验中用到的，注明仪器和器件型号）

三、基本实验内容

（一）二阶有源低通滤波电路

表 2.10.1　二阶有源低通滤波电路幅频特性的测试数据记录

f/Hz								
U_o/V								
$20\lg|U_\mathrm{o}/U_\mathrm{i}|$								

截止频率：

品质因数：

（二）二阶有源高通滤波电路

表 2.10.2　二阶有源高通滤波电路幅频特性的测试数据记录

f/Hz								
U_o/V								
$20\lg|U_\mathrm{o}/U_\mathrm{i}|$								

截止频率：

品质因数：

幅频特性曲线：（低通、高通绘制在同一坐标系下）

四、扩展实验内容

扩展实验内容的实验报告，请在附页中完成。（可另附页）

五、实验仿真

将所有实验电路进行仿真，打印仿真电路图，附在实验报告后。

六、思考题

1. 高频滤波电路的幅频特性，为何在频率很高时，其电压增益会随频率升高而下降？

2. 根据实验数据，总结有源滤波电路的特性。

七、实验总结

记录本次实验中遇到的各种情况（例如实验中遇到的问题、故障及其分析和处理方法），总结实验体会。

附页　扩展实验任务

二阶有源带通、带阻滤波器

1. 实验过程与数据

2. 实验结论

实验报告 11：直流稳压电源——集成稳压器实验

一、实验目的

1. 理解单相半波整流电路和单相桥式整流电路的工作原理。
2. 理解电容滤波电路和 π 形 RC 滤波电路的工作原理及外特性。
3. 学习三端集成稳压芯片的使用方法。

二、实验仪器及器件（实际实验中用到的，注明仪器和器件型号）

三、基本实验内容

（一）整流滤波电路

表 2.11.1 整流滤波电路测试

输出电压			无滤波	电 容 滤 波			π 形滤波
				10 μF	100 μF	220 μF	
半波整流	带载 U_o	测量值					
		波形图	①	②	③	④	⑤
	空载 U_o						
桥式整流	带载 U_o	测量值					
		波形图	⑥	⑦	⑧	⑨	⑩
	空载 U_o						

波形记录：

（二）电容滤波电路外特性

2.11.2 电容滤波电路外特性

输出电流/mA	0	60	80	100
输出电压/V				

外特性曲线：

（三）集成稳压电路外特性

表 2.11.3　稳压电路外特性

输出电流/mA	0	40	60	80	100
输出电压/V					

外特性曲线：

四、扩展实验内容

扩展实验内容的实验报告，请在附页中完成。（可另附页）

五、实验仿真

将所有实验电路进行仿真，打印仿真电路图，附在实验报告后。

六、实验总结

记录本次实验中遇到的各种情况（例如实验中遇到的问题、故障及其分析和处理方法），总结实验体会。

附页　扩展实验任务

可调直流线性稳压电源的设计

1. 实验过程与数据

参 考 文 献

2. 实验结论

参 考 文 献

［1］童诗白，华成英．模拟电子技术基础［M］．北京：高等教育出版社，2005.

［2］毕满清．电子技术实验与课程设计［M］．北京：机械工业出版社，2011.

［3］金凤莲．模拟电子技术基础实验及课程设计［M］．北京：清华大学出版社，2009.

［4］刘建成，严婕．电子技术实验与设计教程［M］．北京：电子工业出版社，2007.

［5］孙肖子，田根登，徐少莹，李要伟．现代电子线路和技术实验简明教程［M］．北京：高等教育出版
社，2004.

［6］高吉祥．电子技术基础实验与课程设计［M］．北京：电子工业出版社，2005.

［7］徐淑华．电工电子技术实验教程［M］．北京：电子工业出版社，2012.

［8］杨刚．模拟电子技术基础实验［M］．北京：电子工业出版社，2003.

［9］孟庆斌，刘广伟，葛付伟．模拟电子技术基础实验教程［M］．天津：南开大学出版社，2009.

［10］彭其圣，尹建新．模拟电子技术实验［M］．北京：科学出版社，2010.

［11］杨晓慧，葛微．模拟电子技术实验教程［M］．北京：电子工业出版社，2014.